EAUX

MINÉRALES SULFUREUSES

DE MOLITG.

EAUX

MINÉRALES SULFUREUSES

DE MOLITG,

DÉPARTEMENT DES PYRÉNÉES-ORIENTALES.

PAR M. BOUIS,

PROFESSEUR DE CHIMIE, A PERPIGNAN,

avec

UNE NOTICE MÉDICALE,

PAR M. PAUL MASSOT, D.-M., A PERPIGNAN.

PERPIGNAN,

IMPRIMERIE DE MADEMOISELLE A. TASTU.

—

1841.

EAUX

MINÉRALES SULFUREUSES

DE MOLITG.

———————

A une lieue et demie de Prades , après avoir
traversé Catllar , où l'on arrive par une grande
route avec deux beaux ponts , l'un sur la Tet ,
l'autre sur la Castellane , se trouve le village de
Molitg , primitivement Melgio et Molig , dont
le nom serait peu connu s'il ne s'était trouvé
dans son territoire des eaux minérales sulfureuses
qui , une fois bien connues , sont devenues une
cause de prospérité et de réputation pour cette
commune. Sa position intermédiaire sur une
route où circulent continuellement grand nombre
de muletiers , employés au transport des miné-

1

rais , des fers , des bois , des charbons et autres
objets d'échange ou d'achat entre le département
des Pyrénées-Orientales avec l'Aude ou l'Ariège,
n'aurait pas été assez importante pour faire connaître au loin le nom de Molitg ; et ce que l'on
sait de son histoire n'offre également aucun de
ces événemens remarquables que l'on cherche
à se rappeler et qui transmettent le souvenir
des lieux où ils se sont passés.

Molitg avait ses seigneurs , comme la généralité des communes de ce département ; celui de
ce lieu joignait à ce fief le titre de seigneur de
Paracols , vieux manoir féodal dont on voit
encore les ruines sur un roc en pain de sucre ,
en face et au sud des sources thermales. La
seigneurie de Paracols avec son château , déjà
délabré , furent légués , dès 1095 , par Guillau-
me-Raymond , comte de Cerdagne , à son fils ,
Guillaume Jourdain. Une grande partie de ce
fief passa ensuite aux seigneurs de Mosset , dont
les derniers représentans ont été les marquis
d'Aguilar , et l'autre partie du fief de Paracols ,
avec les ruines de son château, devinrent l'héri-
tage des seigneurs de Molitg, qui joignirent
alors à leur titre celui de seigneur de Paracols.

On croit que c'est au château de ce nom que
naquit, dans le 12ᵉ siècle , le troubadour catalan

Béranger, cité comme un chevalier du Roussillon peu fortuné, mais instruit, courtois et vaillant.

La vallée de Molitg, prolongement de celle de Campome et de Mosset, est sillonnée dans sa longueur par la rivière de la Castellane, habituellement appelée rivière de Molitg, à partir des sources sulfureuses jusqu'à la Tet, où elle vient se réunir un peu au-dessous de Catllar. Dès le moyen-âge, cette vallée était en possession d'une culture riche et variée qui a continué à se développer et à se couvrir de prairies, partout où les eaux de la rivière et celles qui viennent y aboutir ont pu être conduites par de petits canaux d'arrosage, avec cet instinct, pour les irrigations, qui caractérise les habitans de nos montagnes. Il y avait un monastère puissant avec de belles chapelles; au sommet de la vallée, sur le col, était l'abbaye de Jau, fondée dans le courant du 12e siècle, et qui cessa d'exister avec le clergé qui en était le soutien et l'usager. Au centre de la vallée, entre Mosset et Molitg, était aussi un petit couvent, sous le patronage de Notre-Dame de Corbiac, occupé successivement par des servites, des trinitaires et enfin, en 1609, par des moines Augustins. Des monumens druidiques, signalés par Jaubert de Réart, (Publicateur n° 34, an 1832), existent encore sur les rochers qui la dominent. Des châteaux, de l'abbaye, du couvent il ne reste de conservé qu'une chapelle romane, aujourd'hui église paroissiale de Molitg, dépendante du château où habitaient ses seigneurs.

Lorsque presque tout ce que l'homme a créé dans cette vallée de la Castellane a subi des transformations importantes, une chose est sans doute demeurée immuable ; c'est l'écoulement continu de ces eaux salutaires qui naissent à un quart d'heure, au sud-ouest de Molitg, au fond d'un contour et d'un rétrécissement de la vallée, sur le confluent de la rivière de Riell et de la Castellane. Ces eaux naissent toutes autour du pied d'un des contreforts granitiques qui terminent la montagne de Molitg, là où elle se perd dans le bas de la vallée, pour reparaître sur l'autre revers, mais après avoir éprouvé une transformation minéralogique. C'est-à-dire que les eaux minérales de Molitg naissent à l'extrémité du terrain granitique et, qu'immédiatement après, celui-ci disparaît sous des terrains de formation moins ancienne. L'agglomération de sources sulfureuses à la limite des terrains primordiaux se retrouve également sur plusieurs autres positions ; elle est nettement déterminée à Amélie-les-Bains (Bains d'Arles) comme à

Molitg. Aux approches de ces eaux de Molitg, le fond de la vallée présente des déchirures, dans des proportions moindres cependant que celles des environs d'Amélie-les-Bains, du Vernet, d'Olette, de Thuès, dont nous avons déjà signalé la cause probable dans une notice sur les eaux d'Arles.

Les faits historiques sur les eaux de Molitg ne remontent pas au-delà du milieu du dix-huitième siècle, tandis que nous avons des documens écrits et des constructions encore existantes, d'une date excessivement reculée, sur plusieurs autres sources du département. Carrère, dans son traité des eaux minérales du Roussillon, (Paris, 1756,) nous apprend qu'en 1754, il y avait seulement, à Molitg, un petit bassin carré pour bain commun, à l'usage jusqu'alors restreint aux habitans de la vallée de Molitg, Campome et Mosset. Ce bassin existe encore au Nord-Est des bains postérieurement construits ; il sert à faire baigner les pauvres et aux usages domestiques, principalement au lessivage du linge. Carrère, p. 41, dit : « *depuis que j'en ai fait connaître la valeur et les avantages (des eaux), ce bain est fort fréquenté et avec un heureux succès, on se propose d'y pourvoir, par la construction d'un bassin et d'un logement honnête.* » Malgré cette

espérance d'un changement prochain à l'état
ancien des lieux , ce fut seulement en 1786 que
le marquis de Llupia , alors seigneur de Molitg ,
propriétaire des sources et de la petite piscine, fit disposer six baignoires dans des cabinets
particuliers , pour utiliser la source qui alimen-
tait l'ancien bain commun. Lorsque ces six
baignoires devinrent insuffisantes pour le service , une seconde bâtisse fut adossée à la première et quatre nouvelles baignoires y furent
placées. En 1817 , peu avant cette augmentation
de baignoires, Calt , dit Mamet, de Perpignan,
homme entreprenant et industrieux , propriétaire d'un lambeau de terre à côté des bains ,
sur lequel apparaissaient plusieurs filets d'eau
sulfureuse , voyant l'exiguité de l'établissement
Llupia , pour le nombre de baigneurs qui s'y
rendaient annuellement , chercha à utiliser ces
eaux , en construisant un nouvel établissement
que des circonstances indépendantes de sa
volonté l'empêchèrent de terminer. Plus tard ,
le marquis de Llupia acheta la propriété de
Mamet et fit ainsi disparaître une concurrence
qui aurait pu nuire à la prospérité sans partage
de ses thermes. En 1836 , M. de Llupia ayant
fait vendre toutes ses propriétés de Molitg ,
comprenant le château ou maison d'habitation

située dans la commune, les anciens bains avec leurs dépendances, les ruines de Paracols, la propriété Mamet, elles ont été acquises par M. Massia. Celui-ci promptement convaincu que l'établissement Llupia, avec ses dix baignoires, devait être considérablement augmenté, pour être en rapport avec sa fréquentation et faire diminuer, autant que possible, la difficulté, pour les derniers arrivés, de trouver, à certaines époques, des heures pour se baigner, en les prenant même dans le milieu du jour ou dans la nuit, a fait construire un second établissement sur le lieu où Mamet avait bâti, pour y utiliser les eaux qui naissent sur cette position. Il a fallu commencer par détruire jusqu'aux fondations du bâtiment Mamet, établi sur de mauvaises bases et alimenté par des eaux mal recherchées et mal réunies. On a suivi ensuite ces eaux en fesant sauter la roche d'où elles jaillissent, jusqu'à ce qu'on fût arrivé à les obtenir plus volumineuses, plus chaudes, plus à l'abri des filtrations des eaux étrangères, et c'est après ce résultat que le nouvel établissement, pour les utiliser, a été édifié. Cet établissement n'ayant de commun avec ce qui avait été fait que des eaux d'une égale origine, nous l'appellerons établissement ou thermes

Massia , comme nous devons conserver le nom
de thermes Llupia , aux anciens thermes , du
nom du fondateur.

L'éparpillement , sur une petite étendue , des
diverses sources de Molitg ; leur faible volume
primitif , à cause de cette divisibilité ; leur position dans un lieu écarté des habitations , des
routes et même des sentiers de communication ,
où l'on n'abordait qu'avec difficulté, sont autant
de causes qui peuvent expliquer ce retard apporté à l'appréciation de ces eaux , en dehors
de la vallée. Leur réputation n'a commencé à
dépasser cette limite qu'après un commencement
d'usage en bains isolés ; elle s'est ensuite rapidement étendue , affermie , et , malgré tous les
obstacles matériels , l'acheminement vers ces
eaux bienfaisantes a toujours suivi un mouvement progressif.

Il y a peu d'années , le chemin de Prades à
Molitg était mal entretenu , dangereux même
pour les montures , sur plusieurs passages. A
Molitg les logemens étaient peu communs et les
approvisionnemens n'y étaient pas toujours faciles , ni à des prix convenables ; de Molitg il
fallait descendre aux thermes où , pour tout lieu
de réunion, se trouvait une petite salle enfumée
servant aussi de lingerie et de cuisine. Après le

bain , il fallait remonter à Molitg , sur des montures exercées à ce service d'aller et venir ,
comme doivent continuer à le pratiquer les personnes qui habitent à cette commune. Pour
résister à tant de causes d'éloignement de ces
eaux et n'en tenir aucun compte , pour faire
augmenter sans discontinuité le nombre des baigneurs qui vont réclamer leur secours, il leur a
donc fallu des propriétés bien réelles , bien efficaces, bien confirmées par l'expérience. On doit
reconnaître que , généralement , les personnes
qui sont allées une fois à Molitg faire usage de
ces eaux , pour combattre surtout des affections
cutanées fortement caractérisées , y reviennent
pendant plusieurs saisons , et cela par reconnaissance ou pour consolider les bons résultats ,
presque toujours réalisés dès la première année.

Voici comment s'exprime à ce sujet M. Barrère , auteur d'une notice insérée dans la 43e
livraison du guide pittoresque , en 1835 : « Ces
eaux de Molitg sont plutôt recommandées par
l'énergie dont la nature les a douées que par
l'agrément qu'elles offrent à ceux qui les visi-
tent , attendu que la commune de Molitg , résidence des malades , n'offre presque point de
société ; que ceux-ci ne s'y trouvent même le
plus souvent réunis qu'en petites coteries , et

que les promenades alentour du lieu sont les seules récréations dont on jouisse ; aussi nous ne craindrons point d'avancer que ce sont de véritables maladies, de vraies infirmités qui y conduisent, et que ce sont les guérisons qu'elles ont opérées et qu'elles opèrent tous les jours qui leur ont acquis la bonne renommée et la célébrité dont elles jouissent à juste titre. »

La disposition des lieux y est en voie de grandes améliorations ; la route carrossable de Prades à Molitg est terminée depuis long-temps jusqu'à Catllar ; les difficultés administratives pour la pousser plus loin étant applanies, les fonds sont votés, les plans arrêtés pour la continuer jusqu'aux thermes, par le bas de la vallée, en remontant les rives de la Castellane ; les travaux sont adjugés et l'exécution en est commencée du côté des bains. Ainsi les baigneurs pourront bientôt arriver directement de Prades aux bains, en voiture et sans fatigue, par la continuation des diligences de Prades, avec moitié moins de temps, par un chemin agréable et avec une dépense infiniment moindre.

Les administrations qui ont voté et fait exécuter cette route ont acquis de justes droits à la reconnaissance du département, qui doit être bien pénétré de cette vérité, que tout ce qui contribuera à l'amélioration et à l'augmentation de ses établissemens thermaux contribuera efficacement à sa prospérité.

Nulle part comme en Roussillon on ne trouve, sur une si faible étendue, une agglomération d'autant de sources minérales diversifiées en composition, en température, et presque toutes d'un abord aussi facile dans toutes les saisons : nulle part comme en Roussillon il ne faut donc plus favoriser, plus encourager, dans l'intérêt général, la bonne exploitation des eaux minérales, puisqu'au nombre des causes d'avenir prospère de ce pays il faut compter, comme une des principales, le développement imprimé à ses thermes. Si d'un côté l'administration ne reste pas en arrière dans les améliorations qu'elle peut faire exécuter, l'intérêt des propriétaires des établissemens les oblige eux aussi à marcher promptement, largement, dans une bonne voie qui embrasse le confortable de leurs établissemens, sans négliger le meilleur emploi de leurs eaux. Sans indiquer ici les améliorations déjà réalisées, nous devons dire qu'elles ont été rapides, immenses, en peu d'années, et qu'elles ont généralement dépassé toutes les prévisions.

Molitg n'est pas resté en arrière dans cette

marche ascendante ; les habitans ont offert aux
baigneurs un plus grand nombre de logemens ,
plus commodes , mieux appropriés ; les moyens
d'approvisionnement y sont devenus plus faciles , plus multipliés ; des tables de pension et de
restaurant se sont organisées pour les personnes
qui ne voulaient pas faire préparer chez elles
leur nourriture. Tous ces changemens ont suivi
ceux qui furent faits , il y a déjà long-temps ,
au château , résidence du propriétaire des bains;
où l'on compte 24 lits et où est installé , depuis
mai jusqu'à la fin d'octobre , un traiteur qui tient
table d'hôte et qui sert en particulier dans les
appartemens du château ou dans la commune. A
ces changemens favorables , il faut joindre ,
comme le plus important , l'édification , à côté
des thermes Llupia , des thermes Massia , qui
consistent en une grande maison à trois étages.
Au rez-de-chaussée sont les thermes propre-
ment dits ; il y a douze cabinets avec baignoire
en marbre , un cabinet avec deux douches , une
salle de réunion , une buvette , les réservoirs
des eaux , un grand corridor dans le sens de
l'axe de la maison et un second qui le coupe
perpendiculairement dans le sens de la largeur ;
on pénètre à ces thermes par des portes pratiquées à l'extrémité des corridors et par un escalier

qui descend des étages supérieurs. Les cabinets à bain occupent toute la face des thermes qui longe la rivière ; les réservoirs, douches , etc., sont sur le côté opposé. Au premier et au second étage sont des appartemens spacieux , bien aérés, ayant vue au sud-est sur la Castellane , le roc de Paracols; au Nord-ouest sur la place et les thermes Llupia. Dans ces appartemens , on peut disposer de 28 lits pour les baigneurs. Des chambres moins spacieuses et de petites cuisines forment le troisième étage. Le traiteur du château fournît également aux personnes qui habitent aux bains. Sur les bords de la rivière , à quelques mètres à l'est de l'établissement, on doit élever des pavillons pour y établir un billard , un salon de lecture , y organiser enfin ces moyens de réunion qui diversifient la vie des bains, la rendent si agréable et si différente des habitudes de la ville.

Les douze baignoires et les deux douches de l'établissement Massia , réunies aux dix baignoires Llupia , font disparaître pour les baigneurs les difficultés qui existaient de trouver, en commençant l'usage des eaux à certaines époques, une heure convenable pour le bain , surtout si l'on désire en prendre deux par jour. D'après les renseignemens que m'a donnés M. Massia ,

il avait reçu annuellement , dans ces derniers temps, 500 baigneurs , et il avait été donné 23,180 bains dans les trois années réunies de 1838 , 1839 , 1840 , ce qui fait une moyenne de 16 bains par baigneur.

Les nouveaux logemens aux thermes seront recherchés par les personnes que fatiguaient la descente et l'ascension journalières de Molitg aux bains, dont on ne pouvait se dispenser, quel que fût le temps , sans sacrifier l'usage des eaux ; ils présenteront surtout ce grand avantage de permettre un long repos , à l'abri des influences atmosphériques, après le bain. Cette habitation, animée par le mouvement continuel des baigneurs qui vont et viennent , ne sera pas sans agrément ; sa position , dans un enfoncement entouré de montagnes couvertes de bois , de prairies , de vignes , est très-pittoresque ; la Castellane y vivifie une jolie végétation qu'il suffira de diriger convenablement pour multiplier l'ombrage. Les points de repos , les buts de promenade y sont assez nombreux et variés. Les cascades , les précipices , qui se succèdent en suivant le lit de la rivière , méritent d'être visités. Dans les mois d'été , lorsque les eaux de la Castellane ont diminué , après la fonte des neiges qui couvrent la partie haute de la vallée au-dessus de Mosset , elle se transforme en un modeste ruisseau , coulant dans un lit de blocs granitiques, que l'on traverse sans danger. Alors , comme à l'époque des abondantes eaux , elle est assez poissonneuse pour s'y procurer le plaisir d'une pêche productive. Sur la rive droite sont les ruines de Paracols , et si l'on dirige ses promenades plus loin , jusqu'à joindre le chemin supérieur qui va de Prades à Mosset, on pénètre dans des bois touffus où l'on est assuré de faire d'heureuses chasses.

Les jours de grande excursion , il y a la visite au *Caillau* de Mosset , lieu où l'on chassait anciennement l'ours et le sanglier , et toujours remarquable par un gisement puissant de stéatite , pierre savonneuse, dont l'industrie pourrait tirer un parti avantageux et qu'elle a jusqu'ici négligée. Sur la route du *Caillau* se trouve *la Cobe* , *Roc de las Ancantadas* (Grotte , roche des fées) , dénomination assez commune dans nos montagnes , qui continue à entourer les lieux ainsi désignés d'un certain vernis superstitieux. Si on suit la crête de la montagne qui sépare la vallée de Molitg, Campome et Mosset, de celle de Conat et d'Urbanya , on arrive , après avoir parcouru un pays sauvage anciennement couvert de bois qu'une main dévastatrice finit d'abattre, sans autre trace d'habitation que quelques huttes de charbonniers, jusqu'aux fameux étangs de Nohédas, appelés gourgs, gouffres, dont se sont toujours occupés les annalistes catalans. Ces étangs, au nombre de trois, sont distingués par les noms d'étang Noir, Bleu, Etoilé. Le premier est le plus étendu; en été, son diamètre est d'environ cinq cents mètres; il est situé au bas d'un espèce de grand entonnoir ouvert dans sa longueur pour donner issue aux eaux ; une partie des terrains au-dessus est couverte de pins qui, absorbant la lumière réfléchie, donnent en effet une teinte noire à ses eaux, vues des parties élevées. La tradition populaire était qu'il suffisait de jeter des pierres dans cet étang, séjour ordinaire des esprits des ténèbres, pour en voir sortir des nuages et la tempête (un merveilleux, d'origine druidique, donne encore de nos jours de la renommée aux *Gourgs* de Nohédas, (anne du dépt p. 166). Pour donner de l'assurance aux personnes qui seraient tentées de visiter ce lieu, nous dirons que, en compagnie de M. le docteur Paul Massot, nous nous sommes avancés dans ces eaux, sur lesquelles nous nous sommes exercés à jeter des pierres, un peu dans le but d'apprécier les distances, et que, malgré notre bonne volonté, la pureté de l'atmosphère n'a pas été troublée. On peut reconnaître que si les traditions de l'Ecosse ont inspiré de si belles pages à son illustre romancier, les souvenirs de nos montagnes n'ont pas moins de merveilleux pour exciter le génie de ses imitateurs. En avant des eaux de l'étang Noir, lorsqu'elles sont basses, il y a un amas considérable de gros blocs provenant des roches supérieures et, au-dessus, à l'exposition nord, sont des neiges perpétuelles qui alimentent cet étang, où prend sa source la rivière d'Evol, qui se réunit à la Têt, au dessus d'Olette. Les deux autres étangs forment la rivière d'Urbanya, qui débouche à côté de Ria. Ces étangs sont encore réputés par l'abondance et la grosseur de leurs truites, qu'on y prend à la ligne, au filet, et souvent à coups de fusil.

Pour compléter cet itinéraire, nous ajouterons que, des étangs de Nohédas, on arrive en quatre heures au Capsir, par des sentiers souvent bien périlleux; mais, durant cette route, on éprouve des émotions difficiles à exprimer, par le grandiose de tout ce qui vous entoure : ce sont des précipices profonds, des roches inaccessibles, des lacs, des sources limpides, des neiges éternelles sur plusieurs points de la route, une végétation souvent magnifique, une solitude des plus complètes , et , au bout de la course , le bassin du Capsir , avec ses nombreux villages et leurs belles églises romanes , l'uniformité de sa culture , les bois qui le couronnent , le caractère et le costume particulier à ses habitans ; c'est là qu'on rencontre la rivière d'Aude , qu'on voit la *Font rabiosa* (fontaine en colère) ; c'est de là qu'on va à Mont-Louis et dans la Cerdagne , par une large route , après avoir traversé le bois de la Matte , renommé par ses pins élancés et majestueux.

Si des thermes on ne veut pas franchir la Castellane, on peut encore se diriger sur Mosset , en remontant la vallée , qui se présente belle et riche de sa culture variée , entretenue par de petits canaux d'irrigation , où se trouve encore des usines , des forges , qui consomment le charbon de ses forêts et les minerais du Canigou.

TRAVAUX

PUBLIÉS SUR LES EAUX DE MOLITG.

§ Ier.

Si l'on excepte le chapitre des eaux de Molitg, par Anglada, dans son traité des eaux minérales des Pyrénées-Orientales, les autres publications sur ces eaux ont été imparfaites ou mal renseignées.

Carrère, dans son traité des eaux du Roussillon, signale l'action de quelques réactifs sur ces eaux, qu'il dit provenir *d'un grand nombre de sources peu éloignées l'une de l'autre, dont la température n'est pas fort différente, dont l'une fait monter l'esprit de vin au 33° R., et les autres à 30° R. La première sert aux gens des environs pour se baigner lorsqu'ils ont la galle, etc.* Carrère fait observer qu'en novembre 1755 il put rendre témoin Venel, *préposé par le Roi à l'analyse des eaux minérales du royaume, que de l'eau qu'il gardait chez lui, depuis un an, dans des bouteilles bien conditionnées, avait encore le goût et l'odeur d'œufs couvés qui lui sont naturels. Sa dissertation, sur ces eaux, a principalement pour objet leurs propriétés médicales qu'il élève*

fort haut , surtout dans tous les cas de maladies de la peau. A cette
époque , la chimie n'avait pas encore fourni aux analystes les moyens
d'apprécier exactement la composition des eaux ; mais l'observation ,
qui a toujours servi à constater leurs effets thérapeutiques , a con-
firmé , de plus en plus , l'opinion de Carrère.

En 1783 , le médecin Anglada , intendant des eaux de Molitg ,
professeur à l'université de Perpignan , père de notre célèbre compatriote , professeur à l'école de médecine de Montpellier , avait lu
à la société royale de médecine une notice sur les eaux de Molitg ,
dont le point capital , pour nous , est la confirmation de l'observation de Carrère sur la persévérance des qualités sulfureuses de
ces eaux ; d'après ce médecin , employées à Paris , après deux
ans de conservation , elles se montraient encore décidément
sulfureuses.

M. Julia-Fontenelle publia , en 1820 , une analyse des eaux de
Molitg , qui aurait exigé de plus longues recherches aux sources
mêmes , pour se rapprocher davantage des faits observés avant et
après. M. Longchamps , dans son annuaire des eaux minérales de
France , 1832 , se borne à dire qu'à Molitg on connaît douze
sources dont la moins chaude est à 25° C. , et la plus élevée en
température à 37° C. ; qu'il y a deux établissemens , l'un appelé du
Marquis , l'autre de Mamet , renfermant ensemble dix-neuf cabinets de bains avec baignoires en marbre et une douche ; que les
sources , peu éloignées de Molitg , ont été fréquentées , en 1830 ,
par 250 personnes , et que leur produit net est évalué à 1800 fr.
par an.

Dans le rapport à l'académie royale de médecine , au nom de la
commission des eaux minérales de France , en 1838 , on lit , page
42 : *Molitg , malades* 255 , *temp. de* 34° *à* 39° *C. , suivant la
source ; car il y en a trois de chaleur différente. Le rapporteur
demande des eaux pour les examiner , parce qu'il n'y a pas
d'analyse connue , sauf celle de M. Anglada (en* 1809 *). Elles
sont hydrosulfurées et peuvent se boire en sortant du roc , sans
avoir perdu de leurs particules. Ce sont les maladies de la peau*

qui dominent à Molitg. Les habitations les plus rapprochées sont distantes d'une demi-lieue des sources. La régie a donné, pendant la saison (1835), 3520 bains.

Nous ne nous arrêterons pas à relever ce qu'il y a d'erreurs dans cette citation, erreurs qui peuvent dépendre des faux renseignemens auxquels on a puisé ; mais ce qu'on conçoit difficilement, c'est qu'un rapport officiel, en 1838, fait par une commission spéciale, opérant aux frais de l'état, déclare qu'il n'y a pas d'analyse connue, sauf celle de M. Anglada, en 1809. Si l'on a voulu parler d'Anglada, professeur à l'école de Montpellier, nous ferons observer que son traité des eaux minérales des Pyrénées-Orientales, publié en 1832, ayant fait époque, en hydrologie, par ses considérations générales sur les sulfureuses, devait être connu de la commission des eaux minérales de France, qui aurait pu se convaincre, au chapitre Molitg, que les eaux en avaient été examinées avec cet esprit observateur, ce détail consciencieux qui se retrouvent dans tout l'ouvrage d'Anglada.

MM. Fontan et François, chargés par M. le Ministre du commerce et de l'agriculture, de visiter les sources minérales et les thermes des départemens pyrénéens, se sont rendus à Molitg en décembre 1840, après avoir déjà parcouru la plupart de nos thermes. C'est avec regret que je ne puis utiliser, dans cette notice, les résultats obtenus, par ces savans, sur les eaux de Molitg, ces résultats ne m'étant pas connus et n'étant pas encore publiés. Les quantités et les rapports du principe sulfureux de ces diverses eaux ont été déterminés par ces messieurs, en employant l'iode et l'amidon, d'après la méthode de M. Dupasquier, procédé d'évaluation que j'eus le plaisir de leur voir employer, pour la première fois, à Amélie-les-Bains.

Si plus tard des différences se remarquent entre les nombres que j'ai obtenus en opérant par cette méthode, et ceux que donneront MM. Fontan et François sur les mêmes eaux, cette divergence pourra provenir d'une meilleure manipulation de leur part, et probablement aussi de ce que ces expérimentateurs ont opéré en hiver, après un temps de neige et de pluie, tandis que j'ai fait les essais,

analogues à Molitg, Arles, Vernet, en mai 1841, après un temps
sec et chaud. Je crois devoir signaler ces époques, parce qu'opérant
sur les eaux d'Arles, les seules dont j'ai connu le titre de sulfuration déterminé par ces messieurs, en ma présence, j'ai obtenu
ensuite un titre généralement plus élevé. Ces faits démontrent que
parmi nos sources thermales, il en est de plus ou moins altérées
par les eaux des filtrations supérieures, altération accidentelle,
momentanée, qui cesse avec la cause déterminante, qui est ou
d'abondantes pluies ou une forte chute de neige. Des essais analogues, en diverses saisons et dans des circonstances météréologi-
ques différentes, devraient être renouvelés sur la généralité des
sources sulfureuses pyrénéennes; on connaîtrait seulement alors
si ces altérations accidentelles sont communes à toutes ces eaux,
comme c'est probable, ou si celles des Pyrénées-Orientales y
sont plus spécialement sujettes.

INDICATION DES SOURCES.

§ II.

Anglada a signalé quatre sources thermales, dépendantes des
thermes anciens dits bains Llupia, qu'il distingue entr'elles par
les nos 1, 2, 3, 4. S'occupant ensuite de celles conduites aux
baignoires que Mamet avait fait disposer, il dit qu'il avait pu en
compter jusqu'à onze, disséminées sur une surface de peu d'étendue, se fesant jour à travers les fentes d'un même rocher. Enfin,
il s'occupe de deux sources qui coulent dans une propriété dite
Coupes.

Depuis la publication du traité d'Anglada, des travaux d'exploration ayant modifié le nombre des sources alors désignées, nous
les distinguerons en sources de l'établissement Llupia, sources de
l'établissement Massia, sources en dehors des thermes.

SOURCES

DE L'ÉTABLISSEMENT LLUPIA.

SOURCE n° 1 (Angl.) C'est la source principale de Molitg , la seule anciennement employée pour le bain commun , celle dont s'est occupé Carrère , celle sur laquelle se sont spécialement dirigées es recherches d'Anglada ; enfin celle dont les propriétés médicales ont fait la réputation des eaux de Molitg.

Elle jaillit au fond d'un puits rectangulaire de 1ᵐ 16 de profondeur, sur 0ᵐ 52 et 0ᵐ 33 de côté ; au sommet de ce puits, elle débouche dans un bassin , également rectangulaire , qui sert de réservoir.

Ayant coopéré de 1818 à 1822 aux recherches faites par Anglada aux lieux où naissent nos sources , je trouvai , en 1818 , la température de cette source n° 1 , à 37° 75 c , au point où elle débouche dans le bassin , et c'est la température indiquée par Anglada ; une fois elle a été trouvée à 37°875 , et il *attribue cette différence à quelque vice d'observation dans un lieu où l'observateur était un peu gêné.* En mai 1841 , j'ai pris de nouveau la température au même point et dans les mêmes circonstances qui ont nécessité cette remarque, et je l'ai trouvée à 38° c. Cette différence légère pourrait tenir aux époques de l'observation , mais je la crois provenir des thermomètres employés ; je l'ai en effet retrouvée sur plusieurs autres sources, dont j'ai évalué les températures longtemps après Anglada. Le thermomètre dont je me sers depuis plusieurs années, pour déterminer les températures des sources , a mérité ma confiance , après l'avoir comparé à plusieurs thermomètres bien étalonnés , et comme il m'a fourni les rapports exacts de caléfaction d'un grand nombre de sources diverses , j'indiquerai la température de cette source n° 1 à 38° C , au point où elle débouche du puisard dans le bassin superposé. A sa chute dans la baignoire n° 5 , elle marquait 37°,875 C. pendant que le bassin était vide ; en opérant avec le bassin plein , la perte de température est un peu plus forte ; Anglada la porte à 0,5 de degré.

Le volume d'eau de cette source est de 6 lit. 51 en 5 seconde , ou 78 lit. 12 par minute , d'après Anglada ; il convenait de vérifier cette évaluation faite sous l'empire de graves difficultés au point où l'eau tombe du bassin dans le Riell , qui coule contre le mur de derrière de l'établissement. De l'ouverture de chute au lit du torrent il y a plusieurs mètres de hauteur , ce qui nécessita pour opérer des procédés défectueux et de fort courte durée. Comme point de départ , on a calculé l'écoulement sur celui de 5 secondes, durée de l'expérience , et une minime erreur sur un temps si court , devait en emmener de majeures en multipliant , pour connaître la quantité d'eau écoulée en une heure , en un jour.

La convenance d'être positivement fixé sur le volume d'eau d'une source dont les précieuses qualités sont confirmées par une longue expérience ; la nécessité , comme amélioration aux thermes , d'agrandir le réservoir où elle est réunie , et d'augmenter alors le nombre de baignoires proportionnellement au volume de cette eau , m'ont imposé l'obligation d'évaluer de nouveau ce volume , par des moyens autres que ceux précédemment pratiqués. J'y suis simplement parvenu en recherchant le temps qu'a mis l'eau de la source à remplir le bassin. L'eau jaillit d'un puisard ouvert dans le fond d'un bassin rectangulaire , d'une capacité déterminée par sa hauteur , sa largeur , sa longueur ; au fond du bassin il y a une rigole avec un gros robinet pour le vider complètement ; à la partie supérieure , sur un des côtés , il y a une ouverture carrée , par où tombe dans le Riell , le trop plein des eaux. Le bassin est couvert avec de larges dalles ; il a été vidé , jaugé , et j'ai trouvé sa capacité , jusqu'au sol de l'ouverture de trop plein, de 4158 litres. Le robinet du fond du bassin a été ensuite fermé , et il a fallu une heure 21 minutes pour que l'eau arrivât au niveau du déversoir. Bien évidemment nous avons recueilli , sans perte ni augmentation , en 81 minutes, toute l'eau fournie par la source en ce même temps , et le résultat est de 51 litres 33 , ou mieux 51 litres par minute , 3 mètres cubes 60 litres à l'heure , 73 mètres cubes 344 litres par jour.

Sans nous occuper des propriétés particulières de cette source et de son analyse, si parfaitement exposées dans Anglada, nous allons nous arrêter seulement sur celles de ses propriétés qui la spécifient, qui sont l'onctuosité, la persistance du caractère sulfureux, la sursaturation gazeuse.

ONCTUOSITÉ. — Les eaux sulfureuses naturelles pyrénéennes ont la propriété d'être douces et onctueuses à la peau, plus ou moins développée ; celle du bassin Llupia, de Molitg, en jouit avec une forte intensité. Carrère, p. 41, dit : La douce température de cette eau, employée en bains, lui mérite, à juste titre, le nom de bains de délices. Anglada, tome 1, page 259, s'exprime ainsi : *Ces eaux produisent sur le corps des baigneurs une impression d'onctuosité comme savonneuse qui est très agréable. La peau est douce et glisse sous la main comme si elle était ointe d'une substance huileuse. C'est ce genre d'impression qui a surtout contribué à faire donner à ces bains la qualification de bains de délices, et il faut convenir que cette qualité des eaux ne se borne pas à être d'un certain prix pour l'agrément, puisqu'elle semble annoncer une plus grande efficacité pour déterger la surface du corps et la rendre plus perméable.*

L'onctuosité de la plupart des sulfureuses a été quelquefois expliquée, en y fesant intervenir cette matière azotée appelée glairine et barégine qu'elles contiennent. Sans annuler totalement l'influence de la glairine dans cette propriété, elle nous paraît de bien peu de valeur, comparativement à la proportion d'alcali libre ou combiné, mais conservant ses réactions basiques, en dissolution dans ces eaux ; il convient surtout d'y faire concourir la base du sulfure non altéré par l'air. Cette opinion nous semble devoir se déduire, de ce que des sources aussi glairineuses avec des réactions aussi alcalines et plus sulfureuses que celle de Molitg, au moment où elles jaillissent, ont cependant, lorsqu'elles sont utilisées en bains, une sensation onctueuse moins développée que cette dernière. Il faut donc admettre, jusqu'à ce que de nouvelles observations aient mieux donné l'explication de ce phénomène, que la supériorité d'onctuosité de l'eau Llupia, sur d'autres eaux aussi glairineuses, aussi alcalines, plus sulfureuses à leur sortie du roc, tient à ce que la température de l'eau Llupia permet de l'employer immédiatement avec tous ses caractères minéralisateurs sulfureux , tandis que les autres eaux s'emploient après un refroidissement opéré dans des conditions qui ont modifié leur sulfuration et fait diminuer également leur réactions alcalines. Il est de fait que les eaux sulfureuses basiques perdent graduellement cette dernière propriété , à mesure qu'elles diminuent de sulfuration en se refroidissant ; lorsqu'elles ont perdu tout leur caractère sulfureux, elles restent encore alcalines, mais à un degré infiniment moindre que primitivement. On doit donc faire concourir à la propriété onctueuse des eaux sulfureuses , la proportion du sulfure alcalin qu'elles possèdent au moment de leur emploi; celui déjà transformé par l'air en hypo–sulfite , sulfite ou sulfate , ne peut plus contribuer à leur faculté de saponification à la peau.

PERSISTANCE DANS LE CARACTÈRE SULFUREUX : En faisant l'histoire des travaux chimiques sur les eaux de Molitg , nous avons cité les observations de Carrère et d'Anglada père , sur la persévérance du caractère sulfureux de l'eau Llupia , après un et deux ans de conservation en bouteilles. Anglada (page 289) a expérimenté qu'il fallait 24 heures d'exposition à l'air pour faire perdre à cette eau ses réactions sulfureuses ; en opérant dans des circonstances qui ne devaient pas être parfaitement identiques , j'ai trouvé encore des réactions sulfureuses à la même eau , après trente heures d'exposition à l'air. Cette ténacité de sulfuration est une des qualités précieuses de l'eau Llupia , qui la rend plus spécialement appplicable , avec succès , au traitement des maladies cutanées , pour lesquelles il est indispensable que l'élément sulfureux reste développé tout le temps de l'emploi des eaux.

Les sulfureuses perdent toutes à l'air ce caractère. La désulfuration est plus ou moins rapide avec les eaux de diverses localités ; et pour la même eau, elle peut beaucoup varier en durée selon diverses circonstances particulières, comme étendue de surface, forme des vases, grandeur d'ouverture , aérification facile. La températnre exerce surtout de l'influence sur la décroissance de ce phénomène; généralement les eaux les plus chaudes sont les plus rapidement altérées , ou bien de deux eaux également sulfureuses , ramenées à une température moindre et semblable , dans des circonstances identiques , la plus élevée en température sera celle qui aura plus rapidement perdu de son énergie sulfureuse. On conçoit que dans une eau très chaude, l'excès de calorique soit une cause d'altération plus facile par l'air ; mais , entre eaux également chaudes et contenant les mêmes principes minéralisateurs , à quoi attribuer cette altération plus ou moins rapide de l'élément sulfureux ? Il est encore assez difficile de répondre d'une manière satisfesante à cette question ; voici néan-moins une explication que nous croyons pouvoir émettre : Les eaux sulfureuses à leur naissance tiennent toutes en dissolution de l'oxigène et de l'azote en proportions variables; celles qui renferment le plus d'oxigène sont celles qui possèdent déjà en elles le germe de leur prompte désulfuration ; d'autres avec moins d'oxigène contien-nent une grande proportion d'azote qui les sature, et entrave , on peut dire , l'action désulfurante de l'oxigène de l'air atmosphérique. Dans un instant, nous allons voir que l'eau Llupia est en effet sursaturée de gaz-azote. A cette cause, qui consiste à reconnaître que les eaux sulfureuses en jaillissant peuvent tenir en dissolution plus ou moins d'oxigène et d'azote , qui activent ou ralentissent l'oxigénation de leur soufre , nous devons ajouter la proportion de base de sul-fure qui interviendra dans le nombre des forces chimiques con-courant à l'oxigénation. Une sulfhyprate de sulfure s'oxigènera moins rapidement en totalité qu'une sulfure neutre, dont tout le soufre est prédisposé à s'acidifier pour le concours de la base avec laquelle il est en présence.

Sursaturation gazeuse : Lorsqu'on reçoit dans un verre ou dans un flacon l'eau Llupia nº 1 , il se dégage de l'intérieur du liquide une multitude de petites bulles gazeuses qui , pendant quelques instans, troublent sa transparence , et les parois intérieures des vases sont également tapissées de petites bulles ; si on remplit aux trois quarts un flacon de cette eau, si on agite après l'avoir bouché , le liquide devient opaque par la séparation de bulles, et on reconnaît en débouchant le flacon qu'il y a un léger excès de pression à l'intérieur. En chauffant cette eau jusqu'à l'ébullition dans un vase en verre , il se manifeste un dégagement bulleux continu , bien avant la production de bulles de vapeurs. Ce gaz est de l'azote. Voici comment Anglada signale ce phénomène (Mémoires tom. 2, p. 143). *Dès que le baigneur est plongé au milieu de ces eaux limpides si douces, si onctueuses, si agréables, il ne tarde pas à voir la surface du corps se tapisser d'une infinité de petites bulles gazeuses ... Il m'était facile de recueillir ce gaz dont les bulles adhéraient à la surface de la peau, de vérifier même avec quel degré de promptitude elles se produisaient.... Si je n'ai pas observé ce phénomène auprès d'autres eaux, c'est qu'à Molitg la chute rapide de l'eau dans les baignoires, sous forme de gerbes éparpillées, favorisait l'introduction d'une grande quantité d'air dans l'eau.* Le dégagement bulleux de cette eau ne peut provenir de son aérification à sa chute dans les baignoires ; en effet, l'eau puisée dans la source détermine une production bulleuse aussi considérable que celle écoulée dans les baignoires. Une aérification analogue devrait se représenter aux lieux où les baignoires sont dans les mêmes conditions, ce que je n'ai pas observé ; ainsi aux thermes Massia l'eau naît dans le fonds d'un bassin plus élevé au-dessus des baignoires que celui des thermes Llupia ; elle y arrive directement et y tombe avec force et très-divisée ; malgré cela, le bain ne couvre pas la peau de bulles comme la première. Des conditions d'aérification plus puissantes existent à d'autres localités, sans y reconnaître cette réunion de bulles à la peau ; il faut alors l'attribuer à des causes antérieures à l'apparition de l'eau à la surface du sol. J'aurais désiré évaluer le volume d'azote, séparé par la chaleur d'une quantité donnée d'eau puisée à son bouillon, mais comme il est rare qu'on prévoie toutes les expériences à effectuer, je ne me suis pas trouvé muni sur les lieux des appareils convenables à ce genre d'essai.

Cette sursaturation d'azote doit avoir lieu à une profondeur indéterminée dans la terre, sous l'influence d'un forte pression qui force la dissolution des élémens de l'air, comme nous l'opérons par des moyens mécaniques sur l'eau que nous chargeons, par exemple, d'acide carbonique. L'oxigène dissous, sert en majeure partie à acidifier le sulfure, et l'azote reste dissous jusqu'à ce qu'un excès

puisse se dégager lorsque la pression vient à cesser. Quoique le dégagement d'azote soit à peu près continu au sommet du puisard, il reste
toujours cette portion qui s'isole plus lentement par l'agitation uo
par le contat d'un corps solide plongé dans l'eau. Nous ne pouvons
mieux comparer la réunion de ces bulles réunies sur le corps humain
plongé dans l'eau n° 1 , qu'à ce développement de bulles à la surface
d'un corps solide plongé dans un liquide mousseux , qui a cessé de
bouillonner , après une courte exposition à l'air ; l'exemple le plus
simple est celui du vin de Champagne , ou de l'eau de Seltz , qui ne
paraissent plus chargés de gaz et qui cependant en fournissent
encore , soit par l'agitation, soit en y plongeant un corps solide dont
la surface se tapisse de bulles.

Il est un phénomène particulier qui s'observe sur certaines eaux
sulfureuses et qui n'est pas appréciable sur d'autres , c'est le
louchissement ou l'opalité qu'elles prennent quelquefois par leur
exposition à l'air , qui agit en oxigenant partiellement le soufre,
dont une autre portion reste en suspension , trouble la transparence
du liquide d'où il se sépare lentement par le repos.

L'eau Llupia m'a présenté un louchissement sensible · un flacon
à gros goulot de deux litres fut rempli à la source ; après dix heures
d'exposition à l'air , il avait perdu sa diaphanéité pour prendre une
légère nuance opaline. Anglada , dans le second volume de ses
mémoires , p. 184 , rapporte une observation analogue , comme
il suit : *Dans mes recherches sur les eaux sulfureuses , j'ai eu
occasion , notamment à Molitg , de voir le liquide devenir
spontanément opale , sans pouvoir me rendre raison du phénomène
et même sans pouvoir le reproduire à volonté ; p. 188 , il l'attribue
à ce qu'il s'élève , de tous les points de la masse liquide , des bulles
d'azote entraînant de l'acide hydrosulfurique , et que cet acide
ayant à parcourir un long trajet à travers le liquide aéré , en a
plus de facilités pour subir l'action de l'oxigène et abandonner
son soufre.* Nous croyons comme lui que le gaz azote qui sursature
cette eau , uni , on peut dire atomiquement au sulfure, concourt
en se dégageant à rendre libre dans le liquide de l'acide sulfhydrique,

fourni par le sulfure de sodium , et une fois cet acide isolé , il subit l'influence ordinaire de l'oxigène de l'air ; nous ferons observer que ce développement d'acide sulfhydrique dans l'eau ne nous semble pas étranger à une plus longue manifestation du caractère sulfureux. Voici ce que j'ai expérimenté : des Eaux Bonnes , bien conservées et par conséquent avec des réactions sulfureuses développées et une faible réaction alcaline , furent exposées à l'air, comparativement à des eaux un peu moins sulfureuses, mais avec des réactions alcalines puissantes. Ces dernières eaux perdirent plus rapidement leur propriété sulfureuse que les Eaux Bonnes , ce qui doit contribuer à nous faire considérer l'état plus ou moins basique du sulfure , comme n'étant pas étranger à la persistance du caractère sulfureux.

Ce travail sur Molitg nous a mis à même de revenir sur la recherche de l'état de l'alcali dans les eaux pyrénéennes , question fortement débattue , et que nous avons commencé à traiter dans une notice sur les eaux d'Amélie-les-Bains (bains d'Arles) insérée dans le bulletin de 1840 , de la société des sciences des Pyrénées-Orientales. Dans cette circonstance , nous allons seulement rapporter les expériences qui démontrent que dans l'eau Llupia une partie de l'alcali y est à l'état de carbonate.

Un flacon à l'émeri, de litre, plongé dans la source , jusqu'à ce qu'il contînt les 9/10 d'eau , a été immédiatement rempli d'eau de chaux et bouché ; presqu'aussitôt le liquide à commencé à louchir ; douze heures après , le fond du flacon présente un précipité floconneux qui recouvre un mince dépôt adhérent ; versant alors de l'acide sulfurique étendu dans le flacon , il se manifeste au fond du vase de petites bulles qui montent à la surface, et tout le précipité adhérent ou floconneux disparaît lentement. Ce précipité était composé de carbonate et de silicate de chaux , redissous par l'excès d'acide sulfurique.

Un litre de cette eau a été placé dans un matras , surmonté de deux tubes , l'un droit , plongeait dans l'eau ; l'autre partant du col et deux fois recourbé , plongeait dans de l'eau de barite. L'appareil ainsi disposé, on a chauffé jusqu'à porter l'eau à l'ébullition. Aux premiers instans, l'eau de barite a reçu quelques bulles de gaz qui ont produit une opalité presque nulle, dont l'intensité n'a pas augmenté après une ébullition de dix minutes. En ajoutant, après ces dix minutes, de l'acide sulfurique dans le matras, par le tube droit, il y a bouillonnement plus considérable, et il arrive dans l'eau de barite un gaz qui la trouble fortement, en produisant un précipité. Après quelques minutes de cette action de l'acide sulfurique, le précipité baritique est réuni sur un filtre, où il est bien lavé à l'eau chaude.

Cette opération terminée, le filtre avec le précipité ont été introduits sous une cloche pleine de mercure, dans laquelle on a fait passer de l'acide sulfurique étendu de deux fois son volume d'eau. Il y a eu aussitôt effervescence avec développement de sept centimètres cubes d'un gaz sans couleur, sans odeur, éteignant une bougie allumée, absorbé en totalité par l'ammoniaque; c'est de l'acide carbonique.

Cette proportion de sept centimètres cubes d'acide carbonique sur un litre de l'eau n° 1, évaluée avant l'action de l'air atmosphérique, est bien inférieure à celle de 17,3 C.C., provenant des 0,0715 carbonate de soude, 0,0119 carbonate de potasse, 0,0023 carbonate de chaux et 0,0002 carbonate de magnésie, qu'Anglada a trouvé dans le produit d'évaporation d'un égal volume de cette eau. L'air a ainsi fourni, pendant l'évaporation, 10,3 C. C. acide carbonique ou 0,0204 qui ont augmenté d'autant le poids du résidu d'un litre.

Anglada a obtenu 0,0461 sulfure d'argent d'un litre de la même eau, précipitée par le nitrate d'argent additionné d'ammoniaque, qui représentent 0,0146 sulfure de sodium, en calculant le sulfure d'argent composé en centièmes de 87,05 argent, 12,95 soufre, et le sulfure de sodium de 59,12 sodium, 40,88 soufre. J'ai précipité quatre litres de cette eau, par le nitrate d'argent et l'ammoniaque, et j'ai eu la satisfaction d'obtenir un résultat qui ne diffère presque pas de demi-millième en sulfure de sodium. La quantité que j'ai trouvée par litre est de 0,015 sulfure de sodium.

La généralité des chimistes portent actuellement le composé sulfureux à l'état de sulfure de sodium, au lieu de l'indiquer à l'état d'hydrosulfate. En fesant ce changement à l'analyse de l'eau Llupia, publiée par Anglada, et si nous en diminuons l'acide carbonique, moins les sept C. C. évalués directement avant l'action de l'air et supposés unis à de la soude, on a :

Glairine.	0,0073 ;
Sulfure de sodium	0,0146 ;
Carbonate de soude	0,0335 ;
Soude	0,0222 ;
Potasse	0,0081 ;
Sulfate de soude	0,0111 ;
Chlorure de sodium	0,0168 ;
Silice.	0,0411 ;
Sulfate de chaux	0,0023 ;
Chaux	0,0013 ;
Magnésie	0,0001 ;
Perte	0,0030.

Nous avons encore employé l'iode et l'amidon pour déterminer la proportion du principe sulfureux, d'après le procédé de M. Dupasquier, dont nous avons pu apprécier certains avantages, dès la première fois que nous le vîmes mettre en pratique aux sources d'Amélie-les-Bains, par MM. Fontan et François. Ce procédé est basé sur la propriété de l'iode de donner avec l'amidon une couleur bleue qui ne se développe cependant dans un liquide contenant un sulfure ou de l'acide sulfhydrique, qu'après la neutralisation de l'iode par le soufre de ces composés. On opère avec une dissolution d'iode, faite dans la proportion d'un gramme d'iode sur un décilitre ou cent centimètres cubes d'alcool. Chaque centimètre cube de dissolution contient un centigramme d'iode. La dissolution s'emploie dans des tubes gradués en millimètres cubes, chaque division contient un milligramme d'iode, et chaque milligramme d'iode ou chaque millimètre cube de dissolution employée, pour arriver à développer la couleur bleue, représente 0,000311 de sulfure de

sodium. On obtient ce nombre équivalent d'un milligramme d'iode
en calculant la composition de l'acide iohydrique, de l'acide sulfhydrique, du sulfure de sodium.

Lorsqu'on veut opérer, on reçoit, à la source, dans un vase en
verre, une quantité déterminée d'eau, un quart ou un demi-litre ;
il est peu convenable d'agir sur de moindres ou de plus forts volu-
mes ; on ajoute à l'instant un léger excès d'une dissolution claire et
récemment préparée d'amidon, et on fait tomber de la dissolution
d'iode du tube gradué, en agitant continuellement le liquide avec
un tube de verre, jusqu'à manifestation de la nuance bleue. On
examine le nombre de millimètres cubes de dissolution, employés,
et chacun de ces millimètres forme ce qu'on appelle les degrés ou
titres de sulfuration.

Cette méthode de détermination est tellement sensible, qu'on
obtient des résultats variables avec l'eau puisée à la source, ou
avec celle puisée à deux ou trois mètres plus loin. La différence se
remarque entre l'eau puisée au fond ou à la surface d'un bassin ;
on la retrouve en opérant immédiatement après avoir puisé l'eau,
ou après l'avoir conservée, quelques instans, dans le vase.

Il est à observer que du nombre de degrés reconnus avec l'iode
sur une eau sulfureuse, il faut retrancher ceux nécessaires pour
amener à une égale nuance bleue pareil volume d'eau pure. Nous
comptons 10° ou dix milligrammes d'iode pour obtenir cette nuance
avec un litre d'eau distillée ou de rivière. L'eau de Molitg, comme
les autres eaux sulfureuses du département, a une réaction alcaline,
après sa désulfuration complète par l'air ; dans cet état, elle exige
un peu plus d'iode que l'eau distillée pour laisser développer la
nuance bleue avec l'amidon. Il a fallu, sur un litre, 14 milligrammes
d'iode, quantité que nous retrancherons du nombre de degrés iodiques, de toutes les eaux sulfureuses de Molitg, avant de calculer
la proportion de sulfure évalué par ce mode d'expérimentation.
Dans les essais qui suivent, les degrés ou milligrammes d'iode sont
tous comptés par litre d'eau.

Eau Llupia nº 1.

Prise dans le puisard, au fond du bassin ou réservoir,   74°

Puisée à la surface du réservoir plein,   69°

Après 18 heures d'exposition à l'air,   22°

En retranchant 14° dans chacune de ces circonstances, on a :

Eau à sa source,   60° iodiques égal 0,018660 sulfure de sodium.

A la surface du réservoir, 55°   —   0,017105 :

Après 18 h. d'aérification, 8°   —   0,002488 ;

Source nº 2. — Anglada.

Elle n'a subi aucun changement de position, de direction, de volume, d'usage, depuis la description faite par Anglada, (p. 255 et 278.) Nous avons trouvé sa température à 35° 625 C. ; elle est à 35° C. dans le traité des eaux minérales des Pyrénées-Orientales ; elle a le goût sulfureux, la réaction alcaline du nº 1 ; mais elle agit avec bien moins d'intensité sur les sels de plomb et d'argent ; sa composition est la même, sauf une moindre proportion de sulfure ; elle a marqué 54° iodiques ; en retranchant 14°, reste à 40° égal 0,01244 sulfure de sodium.

· Elle est toujours employée à la buvette et continue à être conduite aux baignoires 7, 8, 9, 10, fesant suite à celles de l'établissement primitif, alimentées seulement avec l'eau nº 1.

Source nº 3. — Angl., P. 256.

Cette source, peu abondante, a disparu à la suite d'excavations profondes, pratiquées sur des points inférieurs, peu éloignés.

Source nº 4. — Anglada.

Lorsque ce savant était à Molitg pour réunir les matériaux de son chapitre sur les eaux de cette localité, il examina, à côté de la source Llupia nº 1, une source distinguée par le nº 4, que la né · gation de caractères sulfureux lui fit classer avec les thermales simples. Il ne l'a donc pas décrite au tome 1, chapitre Molitg ; mais elle a été le sujet d'un chapitre particulier, tome 2, p. 193. Mes observations sur cette même source, vingt-deux ans après celles d'Anglada, me l'ayant fait retrouver avec des caractères décidément sulfureux, je crois devoir rapporter partie de ce que ce professeur a écrit sur cette eau, que son volume, sa position, sa température, sa nature actuelle, rendent susceptible de procurer d'éminens services.

« Parmi les sources thermales de Molitg, il en est une que je » n'ai pu comprendre au nombre des sources sulfureuses, et dont » je me suis réservé de dire quelques mots quand il serait question » des eaux thermales simples. C'est la source n° 4 des bains Llupia, » qui coule d'une certaine hauteur, en dehors de l'établissement, » et dont les eaux ne sont nullement utilisées. Ce n'est que long- » temps après mon séjour à Molitg, et lorsque j'ai été conduit » par les faits à admettre des eaux thermales simples, que, reve- » nant par la pensée sur cette source n° 4, j'ai été tenté de la » ranger dans ce groupe. C'est ainsi, en effet, que j'ai cru pouvoir » l'envisager dans mon mémoire sur la chaleur des eaux thermales. » Cependant, depuis cette époque, ce sentiment s'est entouré, » dans mon esprit, de quelques scrupules. Il m'a paru, en consul- » tant de plus près les effets des réactifs et reprenant même cet » examen, que cette eau recélait un carbonate alcalin, et j'ai dû » conclure, dès-lors, que ce n'était pas une thermale simple, mais » peut-être bien une sulfureuse dégénérée.

» Elle coule à côté de la source n° 1 ; son bouillon paraît exister » sous le pavé du troisième cabinet de bain. Le courant ne peut » être abordé qu'en dehors de l'établissement et dans le canal de » sortie qui permet à ses eaux de se jeter de très-haut dans le » torrent du Riell. Le volume n'en est point sans importance. Les » eaux en sont limpides et comme inodores ; elles ne paraissent » produire, sur le goût et sur l'odorat, que l'impression d'une » eau chaude. Sa température est à 36° 25 C. ; elles ne déposent » pas de glairine à leur sortie…. Ce n'est qu'avec peine qu'on peut » y entrevoir (par les réactifs) l'existence d'un principe sulfureux ; » mais les ingrédiens alcalins s'y prononcent manifestement. Tout » semble suggérer que c'est une eau sulfureuse dégénérée ou, du » moins, bien près de l'être. Il est réservé à une exploration plus

» soignée de lever les difficultés. Quels que soient les résultats d'un
» nouvel examen, cette source me paraît appelée à rendre quelques
» services. »

On voit que l'idée prédominante de notre compatriote était que
cette source n° 4 était une sulfureuse, et malgré son classement
parmi les thermales simples, il l'a placée, avec les sulfureuses,
dans le tableau des sources minérales des Pyrénées-Orientales,
tom. 1, pag. 17.

Les nouvelles expériences que je viens d'entreprendre sur les eaux
de Molitg, m'ayant permis d'examiner cette source n° 4, je l'ai retrouvée avec des propriétés tellement modifiées, que sa classification
actuelle est parmi les sulfureuses bien caractérisées. Sa position,
sa direction sont toujours les mêmes. Elle coule toujours sous le
sol de l'établissement, dans un canal qui vient déboucher plusieurs
mètres au-dessus du lit du Riell; à côté et un peu au-dessous de
l'ouverture de trop plein du réservoir n° 1; cette disposition rend
assez périlleux l'accès de ce canal, où je parvins cependant, en
profitant du temps où l'eau du réservoir ne coulait pas par le
déversoir.

Voici les caractères de cette eau, reçue à l'extrémité de son canal
de chute : Saveur des sulfureuses avec arrière goût un peu salin,
comme le n° 1, transparence et limpidité parfaites, température
36° 25 C. Elle verdit fortement le sirop de violettes; elle développe
une teinte brune avec les sels d'argent et de plomb; elle prend une
légère teinte jaune avec l'acide arsénieux et l'acide sulfurique; elle
se trouble avec le chlorure de barium; sa transparence n'est pas
sensiblement altérée par l'oxalate d'ammoniaque.

A l'ouverture du canal et au-dessous, jusqu'à ce que cette eau
se réunisse à l'eau n° 1, qui tombe du réservoir, on découvre actuellement une abondante traînée de sulfuraire blanche, désignée,
dans ce cas, du nom de glairine; ce qui est la confirmation de sa
nature sulfureuse.

A l'extrémité de ce canal et à trois mètres environ du point où
elle naît, cette eau marque 55° iodiques, en les réduisant à 41° égal
0,012751 sulfure de sodium.

Nous n'avons pas poussé plus loin ces essais , parce qu'ils auraient été toujours imparfaits , en prenant l'eau à l'extrémité d'un canal de conduite, où elle éprouve une aérification puissante.

Leur résultat n'en est pas moins avantageux , puisqu'il sert à la classer parmi les sulfureuses ; il est assez difficile d'expliquer , pour le présent , comment cette eau , qui avait long-temps coulé sans présenter les propriétés caractéristiques des sulfureuses, en jouit actuellement. Il y a encore de remarquable que sa température , évaluée il a vingt-deux ans , a été trouvée la même aujourd'hui , malgré un changement si profond dans ses caractères chimiques. Cette température de 36°25 C. , à sa chûte dans le Riell , doit être nécessairement un peu plus élevée là où elle jaillit ; son caractère sulfureux doit y être également plus développé. D'autre part , la proximité de ce point , de celui où jaillit l'eau n° 1 , sont de puissantes probabilités pour croire qu'une bonne captation ferait obtenir le n° 4 identique avec le n° 1. Ces travaux d'exploration seront faciles à poursuivre à cause de la proximité et de la position de ces sources , et on apprécie de quelle ressource serait , pour l'établissement , une eau presqu'aussi abondante que la principale , recherchée et spécialisée par son onctuosité à la peau , par l'abondance et la persistance de son caractère sulfureux , pendant qu'on l'emploie.

SOURCE DU CORRIDOR. Nous appelons ainsi un très-petit filet d'eau qu'on réunit dans un réservoir , dans le corridor des thermes , en face de la porte du cabinet où est le bassin. Ce réservoir est carré ; il a 0,50 de côté et 0,75 de profondeur. L'eau n'en est pas utilisée , sa température est à 30° C. , ses caractères sont peu sulfureux , son titre iodique est 24 ,. ce qui , réduit à 10 , donnerait 0,00311 sulfure de sodium par litre.

SOURCES

DE L'ÉTABLISSEMENT MASSIA.

A l'époque où Molitg fut le sujet des investigations d'Anglada , onze sources , disséminées sur une surface de peu d'étendue , alimentaient les baignoires disposées par Calt dit Mamet. La température des eaux variait de 29° 375 C. à 36° 25 C. ; et la moyenne , lorsqu'elles étaient réunies, était de 35° 75 C. Une analyse comparative avait fait reconnaître que ces eaux, *très-décidément sulfureuses*, *l'étaient moins que la source Llupia* n° 1. Dès que M. Massia en fut devenu propriétaire, par l'acquisition de toutes les propriétés du marquis de Llupia, à Molitg, il les soumit à des travaux d'exploration, dont le premier résultat fut de détruire jusqu'aux fondations des bâtisses élevées par Mamet. La roche, sur laquelle apparaissaient ces onze sources, fut coupée, taillée à pic, et on parvint ainsi à réunir toutes ces eaux en deux sources jaillissant à un niveau plus inférieur que précédemment. L'une d'elles naît au pied de la roche, le long d'une large fente horizontale qui peut avoir trois mètres de long ; elle paraît parfaitement à l'abri des causes d'altération. La seconde jaillit à trois mètres 50 plus haut et à cinq mètres à l'est. Entre le pied de cette roche et la rivière de la Castellane, éloignée de 15 mètres, et à un niveau inférieur de quatre mètres environ, a été élevé le nouvel établissement que nous désignons établissement Massia, du nom du fondateur, pour le distinguer de l'ancien.

La position de cet établissement, au pied d'une roche taillée perpendiculairement, pour mieux rechercher et réunir les eaux, ne le fait découvrir complètement qu'en descendant sur les bords de la rivière. Cette coupure du terrain fait que le second étage est presque de niveau avec la place, devant les thermes Llupia. Aussi un petit pont, jeté sur l'espace qui isole l'établissement de la roche d'où naissent les sources, y fait aborder directement aux appartemens du second étage, sans être obligé de suivre le chemin extérieur qui aboutit au corridor des baignoires.

Les deux sources sont à une vingtaine de mètres de la source Llupia N° 1, et à un niveau inférieur de 10 à 12 mètres. Celle qui naît au pied de la roche jaillit dans un grand bassin voûté, qui sert de réservoir, où l'on peut pénétrer par une ouverture carrée de trente centimètres de côté pratiquée à la partie supérieure. Cette ouverture est habituellement bien fermée, et lorsque le bassin est rempli, l'excédant des eaux s'écoule par un déversoir, débouchant à l'Ouest, en dehors de l'établissement, à côté de la porte de sortie vers la rivière. Le tuyau de conduite qui amène les eaux dans les baignoires débouche au fond du bassin, de manière à ce que l'air ne puisse y pénétrer, et à l'extrémité de ses ramifications il est terminé par des robinets.

Une modification que j'ai engagé à faire à ce réservoir, applicable à tous ceux servant à réunir les eaux sulfureuses, c'est d'abord de les fermer aussi exactement que possible à la partie supérieure, et de faire arriver l'extrémité de leur tuyau de trop plein dans une cuvette en maçonnerie ou en terre cuite. Lorsque les eaux tombent dans la cuvette, elles s'en écoulent par dessus les bords, mais lorsqu'elles cessent d'y arriver, celles qui y séjournent entourent l'extrémité du tuyau et empêchent la rentrée de l'air dans le réservoir. Cette disposition simple, économique, applicable aux égoûts, aux fosses inodores, pour empêcher le passage des gaz de l'intérieur à l'extérieur, sert ici pour empêcher l'entrée de l'air dans les réservoirs et préserver les eaux d'une aérification trop prompte.

Un robinet pour buvette, placé au centre des thermes, est alimenté par l'eau du réservoir. L'emploi presque général de cette eau en bains, nous fait distinguer sa source par le nom de source des baignoires.

La seconde source, qui naît à trois mètres 50 plus haut et à cinq mètres à l'Est, jaillit également dans le fond d'un bassin rectangulaire, d'où l'eau s'échappe par une ouverture pratiquée à 0^m 58 de hauteur. Ce bassin est couvert en dalles, il est placé entre le mur extérieur de l'établissement et contre la roche, sous le pont qui communique des appartemens supérieurs au plateau devant les thermes Llupia. L'élévation de cette source, la fesant plus spécialement utiliser pour alimenter deux douches, elle sera désignée source des douches. Elle s'écoule au-dehors de l'établissement par la face qui longe la rivière.

SOURCE DES BAIGNOIRES.

L'eau en est parfaitement limpide et incolore; nous n'avons pas reconnu que cette limpidité fût altérée par l'exposition à l'air; sa densité comparée à celle de l'eau distillée, à températures égales, ne présente pas des différences bien appréciables; elle varie en plus de un à deux dix millièmes. La moyenne de plusieurs essais pour évaluer son volume , à sa sortie hors de l'établissement , a été de 45 litres à la minute. M. Barrera, médecin-inspecteur, qui assistait à cette évaluation , nous a dit avoir obtenu précédemment un résultat semblable. Sa température à la partie supérieure du bassin a été de 37° 5 C ; cette température reconnue ensuite au bouillon de la source, dans le fond du bassin , a été de 37° 8 C , que nous indiquerons comme le vrai degré de thermalité. A sa chute dans les baignoires elle marquait 37° 1 C. Son odeur est peu développée , sa saveur est celle des sulfureuses alcalines , avec un arrière goût salé qui n'a rien de désagréable. Un dégagement intermittent de bulles de gaz azote se manifeste au bouillon de la source. Les dépôts glaireux ne peuvent se produire dans l'intérieur du bassin , presque toujours rempli d'eau , mais le sédiment blanc se manifeste dès que les eaux arrivent à l'extrémité des conduits qui les portent hors de l'établissement. Ici , comme avec toutes les autres sources de Molitg , ces sédimens extérieurs sont originairement blancs.

L'action onctueuse de cette eau sur la peau , est bien développée en restant plongé dans le bain ; nous devons cependant reconnaître que cette propriété est plus sensible avec l'eau Llupia n° 1 ; elle ne dépose pas aussi sur le corps, comme cette dernière , cette multitude de petites bulles gazeuses qui la caractérisent , quoique dès sa sortie du sol elle soit dans des conditions d'aérification analogues à celle de l'eau Llupia. Cette différence de saturation gazeuse, doit provenir de ce que l'eau Llupia naît au fond d'une cavité profonde creusée perpendiculairement dans le roc, probablement sans communication avec les fendillemens supérieurs de ce même roc, tandisque les autres sources sortent de fentes ou d'ouvertures qui doivent communiquer avec des parties où l'air extérieur arrive et où la force qui les élève en les comprimant doit cesser d'agir.

Essais par les réactifs. Comme point de comparaison , nous rapportons les effets des réactifs aux effets obtenus en même temps sur l'eau Llupia n° 1.

SIROP DE VIOLETTES est fortement verdi , avec un peu moins d'intensité cependant que par l'eau Llupia , en opérant dans des conditions égales de volume.

NITRATE D'ARGENT, Brunit , l'addition de l'ammoniaque éclaircit le liquide ; la teinte brune est plus prononcée avec le n° 1.

ACETATE DE PLOMB. Louche brun , un peu moins que le n° 1.

PERCHLORURE DE MERCURE. Même indication que l'acetate de plomb.

ACIDE ARSENIEUX ET ACIDE SULFURIQUE. Couleur jaune moins apparente qu'avec le n° 1.

OXALATE D'AMMONIAQUE. Action presque nulle.

CHLORURE DE BARIUM. Trouble prononcé.

Mêlée à un dixième d'eau de chaux , dans un flacon à l'émeri , immédiatement bouché après cette addition , elle a de suite louchi et il s'est lentement séparé un précipité que l'acide sulfurique dissout avec production de petites bulles gazeuses.

En expérimentant avec l'eau de chaux , sur des eaux sulfureuses des Pyrénées-Orientales et d'autres lieux , nous avons reconnu que celles qui se troublaient rapidement après leur mélange avec cette eau contenaient des proportions d'acide carbonique combiné , qu'on pouvait apprécier par la propriété effervescente du précipité , tandisque celles qui étaient lentes à louchir, contenaient des proportions si minimes d'acide carbonique , qu'on ne pouvait le reconnaître en dissolvant le précipité par l'acide sulfurique. D'après cela, le trouble rapide d'une eau sulfureuse naturelle , additionné d'eau de chaux et à l'abri du contact de l'air , y signale de l'acide carbonique , tandis qu'un précipité lent à se manifester est dû à la seule formation d'un silicate calcaire.

De l'eau de cette source des baignoires , remplissant un bocal à gros goulot de deux litres , n'avait pas louchi après 18 heures d'aérification, et elle avait perdu ses caractères sulfureux. Les indications précédentes, demontrent qu'elle contient les mêmes élémens minéralisateurs que l'eau Llupia , et que dans cette dernière le principe sulfureux et la réaction alcaline y sont plus énergiques.

ANALYSE QUANTITATIVE. Pour déterminer la proportion de ses principes constituans, nous avons dabord recherché la quantité d'acide carbonique, que nous portons en totalité combiné à de la soude ; la proportion de sulfure de sodium (S S o) a été calculée en précipitant le soufre à l'état de sulfure d'argent ; enfin une quantité donnée d'eau a été évaporée et le résidu a été le sujet des procédés usuels d'analyse.

Un litre d'eau portée à l'ébullition n'a pas dégagé de gaz troublant une dissolution de barite ; celle-ci n'a donné un précipité qu'après l'addition de l'acide sulfurique dans l'eau. Le précipité baritique , introduit sous une cloche remplie de mercure , a été attaqué avec effervescence par l'acide sulfurique à 20°, et il s'est réuni à la partie supérieure de la cloche huit centimètres cubes et demi d'acide carbonique.

Quatre litres d'eau ont donné un précipité de 0,18 sulfure d'argent, qui représente 0,057 sulfure de sodium ; un litre en contient 0,01425. Cette quantité de sulfure est à peu près dans le même rapport, avec celle de l'eau n° 1 , calculée d'après le même procédé , que le rapport des degrés de sulfuration titrés par l'iode, obtenu sur chacune de ces eaux, puisées à leur bouillon.

ÉVALUATION DES MATÉRIAUX FIXES. Quatre litres d'eau , évaporés à siccité, ont fourni un résidu qui a été parfaitement desséché , pesé et ensuite calciné , pour connaître la proportion de matière azotée. Après cette première opération, il a subi l'action successive de l'eau distillée , de l'acide acétique affaibli, de l'acide chlorhydrique ; tous ces divers liquides ont eux-mêmes fourni , en dernier résultat , un résidu de silice qui a été réuni à la portion insoluble.

La liqueur acétique n'a pas donné de trace de sels de potasse : les bases sont portées à l'état caustique , moins la proportion de soude nécessaire à la saturation des huit centimètres cubes et demi d'acide carbonique, déterminés précédemment. Voici la réunion des résultats pour un litre d'eau.

Sulfure de sodium.............	0,01425,
Carbonate de soude............	0,00480 ;
Soude	0,04100 ;
Silice.......................	0,04700 ;
Sulfate de soude.	0,01500 ;
Chlorure de sodium.	0,01400 ;
Chaux ⎫ Magnésie ⎬ .... Sulfate de chaux ⎭	0,00300 ;
Matière azotée.	0,02100 ;

L'essai, par l'iode, sur cette même eau, a fourni les résustats suivans :

Eau au bouillon de la source................	72° ;
Eau puisée à la surface du bassin............	67° ;
Eau, après dix-huit heures d'exposition à l'air.	14° ;

En déduisant 14° des deux premières évaluations, nous aurons :
Eau puisée au bouillon, 58° égal 0,018038 sulfure de sodium ;
Eau puisée à la surface du bassin, 53° égal 0,016483 sulfure.

Voilà deux ans qu'on utilise cette eau, depuis les dernières explorations, et les résultats ont été conformes aux indications données par sa nature et par son analogie avec l'eau Llupia n° 1. Son caractère sulfureux et sa température (37° 8 C. 30° 24 R.), qui est celle pour bains tempérés, rendront son application avantageuse dans tous les cas où il conviendra d'agir avec des eaux d'une thermalité assez tempérée pour ne pas produire une forte excitation.

Nous ne doutons pas que les légères différences de composition et de température de cette eau comparée à l'eau n° 1, ne tournent à l'avantage général des eaux de Molitg, par la diversité d'action dont elles sont susceptibles, selon les tempéramens, l'irritabilité, la *chronicité* des affections.

SOURCE DES DOUCHES.

Elle sort d'une fente du roc , dans le fond d'un bassin rectangu-laire , parallèle au mur de l'établissement , fesant face aux thermes Llupia , comme nous l'avons déjà indiqué.

De ce bassin l'eau tombe directement dans les tubes à douches , par un trajet qui n'a pas plus d'un mètre. La direction , la forme , la puissance des douches , pourront être variées à volonté , en mo-difiant la longueur, le diamètre, la courbure , les ajutages vissés à l'extrémité des tubes à douche. L'eau qui n'est pas employée en douches , peut alimenter deux baignoires placées vis-à-vis , sur l'autre côté de l'établissement.

Ses caractères physiques sont semblables à ceux de l'eau de la source des baignoires ; elle est également limpide , incolore ; son odeur et sa saveur sont les mêmes ; son volume est de vingt litres à la minute ; sa température , à la surface dans le bassin , est à $36^c 2$ C. Sa propriété , onctueuse à la peau, est comme la précé-dente ; elle ne perd pas sa transparence à l'air , et , avant dix-huit heures , elle avait perdu toute trace de caractère sulfureux. Le dégagement de bulles de gaz azote , à la source , est intermittent et peu abondant.

Elle verdit énergiquement le sirop de violettes ; elle brunit les sels de plomb et d'argent ; elle louchit avec le chlorure de barium ; elle prend une nuance jaune avec l'acide arsénieux et l'acide sulfu-rique ; elle n'est presque pas troublée par l'oxalate d'ammoniaque. Ses réactions sulfureuses, comparées à celles de l'eau de la source des baignoires , puisée à la partie supérieure du bassin , ont été un peu plus énergiques que celles obtenues avec cette dernière ; en les renouvelant avec l'eau de la source des baignoires , puisée à son bouillon , la supériorité a été alors pour celle-ci.

Mêlée à l'eau de chaux , elle se trouble instantanément , et le précipité , formé après douze heures de repos , est , partie flocon-neux, partie adhérent au fond du flacon , et l'acide sulfurique le dissout avec production sensible de petites bulles gazeuses qui s'élèvent jusqu'à la surface.

Les proriétés physiques et chimiques de cette source étant analogues à celles de la source des baignoires, nous n'avons cherché à évaluer quantitativement que leurs rapports de sulfuration. Un litre a marqué 68° iodiques, en déduisant 14°, reste 54 iode égal 0,016794 de sodium. L'infériorité du titre sulfureux de cette eau, comparé à celui de l'eau des baignoires, puisée à son bouillon, provient de plusieurs causes. Elle est d'abord réunie plus près de la partie supérieure de la roche et, par conséquent, dans des conditions moins propices pour éviter son altération ; elle a été puisée au sommet du bassin qui n'a pu être vidé, enfin, ce bassin n'était pas lui-même couvert de manière à diminuer, autant que possible, les causes d'aérification.

La position un peu élevée de cette source, qui a permis de l'employer en douches, la spécialise alors pour les cas où l'on recherche des eaux tempérées sulfureuses, agissant comme tempérantes, émollientes, détersives.

SOURCES

EN DEHORS DES ÉTABLISSEMENS.

Anglada signale, avec les sources dont nous venons de nous occuper, deux autres sources qu'une analyse qualitative lui fit reconnaître analogues au n° 1, Llupia. Elles coulent dans la propriété Coupes, à un niveau inférieur aux thermes Llupia et à un niveau supérieur au sol des thermes Massia. Depuis cette indication, rien n'a changé dans la disposition des lieux, et le terrain Coupes, se trouvant couvert d'eau d'arrosage, lors de mon dernier séjour à Molitg, je ne pus de nouveau comparer ces sources aux autres sources voisines.

Nous complèterons cette nouvelle monographie des eaux des thermes de Molitg, par le signalement de trois sources, non encore signalées, qui naissent sur la rive gauche de la Castellane. Nous les distinguerons, à cause de leur position, par les noms de source Paracols, source Castellane, source Riell.

· SOURCE PARACOLS. Elle est en face des ruines du château, qui couronne le roc en pain de sucre, sur la rive droite de la rivière.

Elle sort du pied d'une masse granitique, à quinze mètres à l'Est des thermes Massia et à un niveau inférieur de huit mètres du plateau de ces thermes.

L'eau est transparente, limpide, incolore, d'une odeur faible et d'une saveur sulfureuse sensible ; sa température est à $29°,375$ c. ; elle verdit le sirop de violettes; ses réactions sulfureuses sont faibles sur les sels d'argent et de plomb ; elle ne prend pas, avec l'acide arsénieux et l'acide sulfurique, une nuance jaune appréciable. Le chlorure de barium la trouble fortement, l'oxalate d'ammoniaque ne la louchit presque pas.

C'est une eau sulfureuse, en partie désulfurée, qui marque encore $32°$ iodiques ; en les réduisant à $18°$, sa proportion de sulfure de sodium, calculée d'après ce nombre est de $0,005598$ par litre. Elle peut rendre quelque service en boisson, en raison de son alcalinité et de la diminution de son principe sulfureux.

SOURCE CASTELLANE. Elle paraît à douze mètres à l'Est de la source Paracols, en remontant la rive gauche de la rivière. L'eau sort de dessous des blocs granitiques qu'il sera facile de déplacer pour donner une meilleure direction à son courant. Au point où elle commence à paraître, sa températarure est à $26°,875$ c.

Ses caractères physiques sont ceux des autres sulfureuses des environs; son odeur et sa saveur sulfureuse sont bien développées. Elle verdit le sirop de violettes, avec moins d'intensité que les sources Llupia, Massia, tandisque ses réactions sur les sels de plomb et d'argent sont prononcées. Elle prend une nuance jaune sensible avec l'acide sulfurique et l'acide arsénieux. Après 18 heures d'exposition à l'air, elle jouissait encore des réactions sulfureuses ; elle avait alors $34°$ iodiques. Nous l'avons trouvée en cela semblable aux Eaux-Bonnes (Basses-Pyrénées) qui sont très-sulfureuses avec peu d'alcalinité et qui conservent long-temps leurs caractères sulfureux. Il en a été du moins ainsi avec les Eaux-Bonnes dont je disposais et qui ne se sont pas troublées avec l'eau de chaux, après 48 heures de mélange, dans un flacon bouché à l'émeri.

L'eau Castellane a marqué $64°$ iodiques, en déduisant $14°$ reste 50, qui équivalent à $0,01555$ sulfure de sodium. Son caractère sulfureux et son alcalinité prononcés la rendront d'une application avantageuse en boisson, pour les cas où l'estomac repousse des eaux plus chaudes et plus alcalines.

SOURCE RIELL. A six mètres plus à l'Est de la source Castellane, au confluent de cette rivière avec le Riell, paraît cette source, disposée convenablement pour y apercevoir un dégagement de gaz azote. L'eau a le goût et l'odeur des sulfureuses ; elle verdit le sirop de violettes ; elle brunit avec les sels de plomb et d'argent ; elle se colore faiblement en jaune avec l'acide arsénieux et l'acide sulfurique ; elle se trouble avec le chlorure de barium ; elle louchit peu avec l'oxalate d'ammoniaque. Sa température était à 21°,875 c.

Elle a marqué 52° iodiques, en réduisant à 38°, nous aurons comme équivalent 0,011818 sulfure de sodium par litre.

Le signalement de ces trois dernières sources a été obtenu le 5 mai 1841, pendant que la température atmosphérique était à 17° c. Le Riell avait encore de l'eau et la Castellane était assez puissante pour ne pas se hasarder à la traverser sans danger. Nul doute que quelque faible que soit le changement opéré au point où paraissent ces sources, où, si on les examine après un temps sec ou pluvieux, les eaux n'en éprouvent des modifications de température, de volume, de nature, sous le rapport de la proportion de leurs élémens. Leur position actuelle, à côté de la rivière et presque au niveau de son lit, ne permet pas d'espérer, de quelque manière qu'on les poursuive, de parvenir à pouvoir les utiliser différemment qu'en boisson. A cet effet, M. Massia s'est occupé à rendre leur abord agréable, principalement celui de la source Paracols et de la source Castellane ; il y a dans cette disposition le double résultat de procurer un nouveau but de promenade aux baigneurs et de diversifier la force sulfureuse et alcaline des eaux applicables à la buvette. M. le médecin Barrera, inspecteur des thermes, qu'une bonne instruction, secondée par une longue expérience, a mis en position d'apprécier avec discernement les diverses propriétés médicales des eaux de Molitg, se fera un devoir d'indiquer aux baigneurs celles de ces sources dont l'usage leur sera plus convenable, selon les affections qu'ils auront à combattre.

| | DÉSIGNATION DES SOURCES. | TEMPÉRATURE. | | EAU écoulée par minute. | TITRES de sulfuration par LITRE. | QUANTITÉ de sulfure de sodium calculée après avoir diminué de 14° le titre desulfuration. | |
		Cen- tigrade.	Réaumur.				
THERMES LLUPIA.	Eau n° 1, puisée au bouillon de la source...............	38°	30,°40	52	74°	0,018660	
	Eau n° 1, puisée à la surface du réservoir				69	0,017105	
	Eau n° 1, après 18 heures d'exposition à l'air				22°	0,002488	
	Source n° 2....	35,°625	28,°50	6,19 Ang.	54	0,012440	
	Source n° 3...............	......	......	....	.....	....	a disparu.
	Source n° 4.........	36,25	29,°		55	0,012751	
	Source du corridor............	30°	24,°		24	0,003110	
Th. Massia.	Eau de la source des baignoires, puisée au bouillon...........	37,°8	30,°24	45	72	0,018038	
	Eau à la surface du réservoir.....	37,5	30,°		67	0,016483	
	Source des douches............	36,°2	28,°96	20	68	0,016794	
	Source Coupes...............	30,°	24° An				
	Source Paracols...............	29,375	23,50		32°	0,005598	
	Source Castellane.............	26,875	21,50		64°	0,015550	
	Source Riell....	21,875	17,50		52	0,011818	

NOTICE MÉDICALE

SUR

LES EAUX MINÉRALES SULFUREUSES

DE MOLITG,

PAR

M. PAUL MASSOT, D.-M., A PERPIGNAN.

————◦◦⟨◊⟩◦————

On désigne, sous le nom d'eaux minérales, des sources naturelles qui sortent du sein de la terre, chargées des principes dont l'expérience a fait reconnaître les vertus médicales; et c'est à leur efficacité constatée dès les temps les plus reculés, qu'il faut attribuer la construction de beaucoup de thermes dont l'origine est inconnue.

Le hasard révéla d'abord leurs effets énergiques sur les propriétés vitales du corps humain; et les anciens, dans leur superstitieuse ignorance, assuraient qu'une divinité tutélaire présidait à la garde de chaque source.

L'enthousiasme et l'exagération prétendirent que les eaux pouvaient remplacer tous les remèdes, qu'elles pouvaient s'appliquer à

tous les maux ; mais , plus tard , des observations exactes prouvèrent que le médecin , dans certains cas , doit en augmenter , en
diminuer l'activité ou l'énergie , et qu'il doit même quelquefois en
rejeter ou proscrire l'emploi ; elles prouvèrent surtout que certaines
eaux convenaient mieux que d'autres , dans certaines maladies. Et
qu'on ne pense pas que de telles réflexions puissent , en aucune
manière , altérer la confiance que l'on doit accorder aux eaux
thermales ; on peut en conclure seulement que le succès dépend
de la justesse des applications et de l'administration intelligente du
remède.

Les eaux minérales offrent une variété infinie , relativement aux
élémens qui les constituent ; les résultats qu'elles procurent éton-
nent l'homme de l'art qui veut se rendre compte de leur action ,
comme le chimiste qui en étudie la nature intime et qui sent le
besoin de répéter et de multiplier ses expériences.

Si les eaux thermales sont , comme dit Bordeu , l'écueil de tous
les raisonnemens et de tous les systèmes , l'expérience a assigné ,
depuis long-temps , à chacune d'elles , des propriétés médicales
particulières.

Les eaux acidules par leurs qualités gazeuses stimulent les nerfs
et l'organe encéphalique ; les eaux ferrugineuses plus pénétrantes
provoquent les oscilations de l'appareil vasculaire ; les eaux salines
brillent par une action antiseptique ; enfin , les eaux sulfureuses
agissent vivement sur le système lymphatique et dermoïde : de là
vient , sans doute , qu'elles excellent pour la cure des douleurs et
des affections cutanées.

Le département des Pyrénées-Orientales , l'un des plus petits
de la France , est cependant un des plus riches par le nombre et la
variété de ses eaux minérales.

Parmi les établissemens thermaux d'eaux sulfureuses dont la
nature a enrichi les Pyrénées-Orientales , les thermes de Molitg
occupent un des premiers rangs dans l'échelle d'utilité et de services
qu'ils rendent à l'humanité.

Un médecin estimé et si digne de l'être, un praticien que la mort a frappé, il y a peu d'années, et qui, j'ose le dire, vit encore dans le souvenir de ses nombreux amis, le docteur Jean Massot écrivait au professeur Anglada :

« Les eaux de Molitg ont une très-grande supériorité sur les autres eaux thermales des Pyrénées-Orientales, dans les affections dartreuses, dans certaines gales qui ont résisté aux traitemens ordinaires, et qui ne se rattachent ni au scorbut, ni aux scrophules, ni à une diathèse vénérienne fortement prononcée. Cependant je les ai employées avec succès, après des traitemens anti-syphilitiques, toutes les fois que j'ai eu à craindre qu'il n'existât encore quelques radicules de cette maladie. J'ai eu à me louer de leur effet sur des poitrines fatiguées par des fluxions muqueuses.

» Administrées sous forme de douches, elles ont dissipé les engorgemens lymphatiques existant autour des articulations. Je les ai employées avec succès contre les catarrhes de la vessie. Des ophtalmies chroniques ont cédé à leur usage, elles ont fait cesser des leucorrhées survenues après des éruptions dartreuses imprudemment traitées. »

Ajoutons, avec le professeur Anglada, qu'elles ont cette communauté d'effets et d'aptitudes médicatrices que l'on rencontre dans toutes les eaux sulfureuses ; qu'elles possèdent cette puissance de stimulation qui produit des effets révulsifs, décompose les mouvemens fluxionnaires, réveille l'activité vitale de certains organes et sollicite l'économie vers des effets dépurateurs ou des mouvemens critiques ; ajoutons, enfin, qu'elles jouissent d'une grande efficacité résolutive pour combattre certains états spécifiques et qu'elles exercent une prééminence incontestable et incontestée dans la cure des dartres ou des maladies subordonnées à des affections dartreuses latentes.

La comparaison des eaux thermales les plus en renom avec celles de Molitg ne peut que leur être favorable.

S'il est vrai que les aptitudes curatives des eaux sont subordonnées à la qualité, à l'assortiment et aux proportions des matériaux actifs qu'elles possèdent ; si les différences de température exercent

la plus grande influence pour changer , pour modifier l'action et
les effets de ces eaux , cette influence doit être bien plus grande
encore si l'on considère la rapidité ou la lenteur avec laquelle les
principes sulfureux se dégagent et s'annihilent.

En effet , si la température d'une eau minérale sulfureuse est trop
élevée , le refroidissement , devenu nécessaire pour l'utiliser , lui
fait perdre une grande partie de son efficacité médicale primitive ,
lorsque ce refroidissement n'est point opéré d'une manière
convenable.

Cette perte sera d'autant plus sensible que cette eau , quoique
très-riche de principes sulfureux , les verra disparaître avec rapidité,
par le refroidissement , si elle n'est douée , comme les eaux de Molitg , d'une ténacité remarquable pour retenir, conserver l'élément
sulfureux.

Un des grands avantages qui caractérisent les eaux de Molitg
c'est de pouvoir être mises en œuvre , d'être employées immédiatement au sortir de la source , riches encore de tous les principes
dont la nature les a dotées et sans que le besoin de les refroidir
ou de les réchauffer ait affaibli leur énergie curative.

Loin de nous cependant la pensée de regarder les thermes de Molitg comme une panacée universelle ; une longue expérience a cons-
taté leur spécialité, j'allais dire leur spécificité , dans le traitement
des affections herpétiques et psoriques, dont les formes si nombreuses et si variées , affligent un si grand nombre d'individus.

Les eaux de Molitg ont éminemment la propriété de déterger la
peau , de la rendre plus souple , plus perméable , plus sensible ,
de faciliter l'activité et le retour d'une des fonctions les plus
essentielles de l'économie animale , dont la suppression est une
cause incessante de maladies, fonction sans laquelle on peut
dire que la santé ne peut pas exister. Un autre avantage très-réel
qu'elles présentent , c'est de donner à la peau un velouté et une
onctuosité qui fait éprouver au baigneur une sensation presque
voluptueuse.

Cette opinion , qui se fonde sur des faits nombreux et sur l'analyse , s'appuie encore d'une manière bien forte sur l'analogie *des*

eaux de Molitg avec celle des thermes dont la réputation colossale avait , pour ainsi dire , obscurci , annihilé pendant long-temps les sources aussi actives qu'inconnues de nos Pyrénées ; et l'induction que présente cette analogie se trouve d'accord avec leur nature et les effets qu'elles produisent constamment.

Cependant , bien que nous attachions aux eaux de Molitg une action spéciale contre les maladies cutanées , il est probable , il est même certain que, jouissant de cette communauté d'action de toutes les eaux sulfureuses , par leur emploi varié et bien compris , par les améliorations introduites dans leur administration , on pourra développer , utiliser leur énergie contre une foule de maladies. Et , je puis le dire , cette assertion se trouvera confirmée par les observations aussi précieuses que variées , recueillies par M. Barrere , médecin inspecteur des eaux , observations qu'il se propose de publier , et qui prouveront que l'ensemble de leurs effets thérapeutiques embrasse la plupart des actions médicamenteuses , et se prête merveilleusement à de nombreuses indications curatives.

Il serait donc à désirer que le médecin surveillât l'administration des eaux ; et cette surveillance aurait pour effet certain de rendre plus petite la part de l'empirisme dans leur emploi thérapeutique , d'empêcher quelques erreurs aussi préjudiciables aux malades qu'à la réputation des thermes, et , enfin, d'agrandir considérablement le cadre des affections pathologiques qu'elles sont appelées à combattre avec succès , si les améliorations dont elles sont susceptibles, viennent en seconder la virtualité. Alors seulement elles auront conquis une juste influence contre des maladies que jusques à présent , si je puis m'exprimer ainsi , elles n'avaient guéries que par hasard.

Disons hautement , avec Anglada , que la détermination des vertus d'une eau minérale est un des problèmes les plus compliqués, les plus inconnus de la médecine , et qu'il ne suffit pas de savoir connaître ce qui appartient à la nature des eaux , qu'il faut tenir compte d'une foule de conditions accessoires qui ne laissent pas d'avoir une très-grande influence : pourra-t-on négliger , par exemple , de prendre en considération les circonstances nouvelles au milieu desquelles un malade se trouvera placé ; comment ne pas faire intervenir le changement survenu dans ses habitudes , la salubrité des lieux , les avantages d'un exercice salutaire , les agrémens d'une société disposée à faire naître des occasions d'amusement et enfin cette utile diversion au tracas des affaires , aux études sérieuses et aux tristes préoccupations de l'âme ?

Au lieu de s'administrer soi-même les eaux , d'écouter les préjugés trop favorables ou trop contraires à leur usage , il faut que le malade s'étaie des conseils d'un médecin habile qui , connaissant la nature , le degré et la cause de la maladie , les circonstances qui l'accompagnent et peuvent la modifier , fasse un choix des eaux qui lui conviennent , en prescrive la quantité convenable , détermine le temps durant lequel il convient de les prendre , les secours qui doivent précéder leur administration et les moyens auxquels il faut les associer.

Il y aurait souvent quelque danger à laisser agir empiriquement et sans règle l'action et l'énergie des eaux thermales , et le talent du médecin consiste à approprier , à proportionner l'efficacité du remède aux vues qui en sollicitent l'emploi , à savoir en diriger l'impulsion et à surveiller leur intervention au milieu de certaines dispositions morbides qu'elles pourraient encourager et même développer.

Les eaux de Molitg sont employées sous des formes très-variées et susceptibles de varier encore davantage. On les prend en boisson, on les administre sous forme de bains , de douches, de lotions, d'injections ; les glaires des sources et leur sédiment boueux peuvent être employés comme topique.

Les thermes de Molitg sont ouverts depuis le 1er mai jusques à la fin d'octobre ; comme dans tous les établissemens de ce genre, on y distingue deux saisons médicales : celle du printemps et celle de l'automne ; en effet, et ce n'est point sans raison , car la chaleur atmosphérique seconde merveilleusement ce mouvement expansif , cette érectibilité de la peau qui résulte de l'action des eaux.

DE L'EAU EN BOISSON.

La dose ordinaire est de deux à quatre verres, en mettant entre chacun un intervalle de quinze à vingt minutes ; c'est le matin, à jeun, qu'on doit en faire usage. Il est vrai cependant que certains malades en prennent, sans aucun inconvénient, je dirai même, avec quelque avantage, dans la journée et pendant le repas ; mais ce sont des exceptions qui attestent seulement une puissance particulière d'activité digestive, et la volonté d'obtenir une guérison désirée

Si le médecin peut permettre d'en élever la dose, il est quelquefois obligé de débuter par une dose très minime, à laquelle il ordonnera d'associer un liquide adoucissant, jusqu'à ce que, encouragé par les effets qui en résultent et par la tolérance de l'estomac, il consente à l'augmenter graduellement.

C'est le lait que l'on choisit de préférence pour couper l'eau de Molitg ; il a le double avantage d'en mitiger l'activité et d'en masquer la saveur contre laquelle l'odorat et l'estomac sont souvent en pleine insurrection.

La puissance de stimulation que les eaux exercent se fait bientôt sentir ; il n'est point d'organe qui n'en éprouve l'ascendant. La peau, la vessie et l'estomac, sortant de leur inertie, reprennent leur activité normale, et une douce transpiration, des urines plus abondantes, un appétit vif et soutenu, viennent encourager le malade, justifier l'emploi des eaux et constater leur action bienfaisante.

On doit continuer l'usage des eaux pendant long-temps, mais on ne saurait trop blâmer ces espèces de tours de force qui consistent à en boire des quantités énormes. Bien que plus heureuses que sages, certaines personnes privilégiées puissent le faire impunément, cette pratique n'est point sans danger, même pour les malades qui ont recours aux eaux minérales, dans le but de débarrasser les reins et la vessie des sables que ces organes contiennent ; et après de pareils excès, les médecins ont vu trop souvent des irritations vives se développer et occasionner des accidens graves que le vulgaire attribue à l'effet des eaux et qui, en réalité, ne sont que la conséquence presque inévitable de l'ignorance et de l'imprudence des malades.

BAINS.

Les eaux de Molitg sont habituellement utilisées sous forme de bain ; leur onctuosité, la ténacité du principe sulfureux qu'elles retiennent fort long-temps, attestent leur puissance contre toutes les maladies cutanées, chroniques et aigües, les ulcères atoniques de la peau, les engorgemens chroniques du système lymphatique et glandulaire, les métrites avec leucorrhée, les affections hémorrhoïdales et urétrales.

Jamais on ne se dispense d'associer ce mode d'administration à l'usage interne ; souvent même les malades demandent, aux bains seuls, sinon la guérison, du moins le soulagement à leurs infirmités. Le petit nombre des baignoires, vu l'affluence des baigneurs, a forcé le propriétaire, et c'est une mesure d'ordre indispensable, d'assigner l'heure du bain à chaque malade, suivant son tour d'inscription, et à raison de l'ancienneté de son arrivée.

La durée du bain peut se prolonger une heure, sans aucun inconvénient.

La température de l'eau est telle, qu'on peut, en laissant les robinets ouverts, prendre un bain à l'eau courante ; les baignoires sont numérotées, et l'eau, pure, sans mélange, y est amenée de telle sorte qu'elle se trouve mitigée seulement par le plus ou moins de longueur de trajet. Aussi, suivant le degré de sensibilité nerveuse, suivant l'excitation individuelle que peut procurer le bain, excitation qui ne peut être calculée *à priori*, puisqu'il est impossible de prévoir la susceptibilité physiologique et pathologique de chaque malade, le médecin a la faculté bien essentielle d'en modérer ou d'en augmenter l'action et les effets, en employant l'eau, riche toujours de tous ses principes actifs, forte de toute sa puissance.

DOUCHES.

On appelle douche une colonne d'eau qui vient frapper, avec une vitesse déterminée et d'un point plus ou moins élevé, une partie quelconque du corps. Elle peut varier sous le rapport du volume, de la durée, de la force, de la forme et de la direction.

Les douches succèdent en général aux bains ; elles préparent les malades à une action énergique des eaux. Leur durée est ordinairement de 15 à 20 minutes.

Elles sont sèches, lorsque l'eau ne séjourne pas dans la baignoire, lorsque le malade ne présente qu'une partie de son corps à l'action de l'eau et qu'il est garanti des éclaboussures, au moyen d'un écran ou de tout autre moyen mécanique ; elles sont humides, lorsque l'eau est retenue dans la baignoire qui se remplit insensiblement, de telle sorte que le malade se trouve peu à peu dans un bain qui le délasse à l'instant de la fatigue que la douche a pu amener.

La douche frappe les parties en formant, avec le jet, des angles de différens degrés, suivant la sensibilité de la région percutée, et suivant les effets que l'on veut produire ; elle est appliquée en gerbe, en nappe, en faisceau, par aspersion ; souvent même elle ne fait que lécher la partie malade qu'elle déterge, sans l'irriter.

Je suis persuadé que lorsque les eaux sont employées comme diaphorétiques, le médecin pourrait développer et même augmenter leur énergie en les prescrivant en boisson immédiatement au sortir du bain ou de la douche, c'est-à-dire quand le malade est encore dominé par leur puissante stimulation. On pourrait aussi, je pense, associer à la douche les frictions et le massage qui, sans nul doute, activeraient l'efficacité des eaux, si elles étaient dirigées contre les douleurs.

Les douches ascendantes et latérales qui, chaque jour, deviennent plus nécessaires, à cause des succès aussi nombreux que certains, obtenus contre les constipations opiniâtres, contre les engorgemens de la matrice, les leucorrhées si fréquentes de nos jours, et contre es maladies de l'anus, de la vessie, de l'oreille, des yeux et des fosses nasales, ont été établies par les soins de M. Massia. Il n'est pas besoin de dire que l'administration de ces douches a déjà apporté et apportera encore de nombreuses modifications dans les appareils. Le malade ne se trouvera point dans la dure obligation de mettre, ou sa femme de chambre, ou son domestique dans la confidence de ses infirmités. Au moyen d'une sonde à double courant, par exemple, il sera permis d'atteindre la muqueuse vésicale et utérine, de tonifier les tissus et de relever leur contractilité émoussée.

Quant aux autres douches, il suffit de les énoncer pour faire connaître et leur action thérapeutique, et la manière d'en faire usage.

DES GLAIRES ET DES BOUES.

Elles sont employées contre les ulcères, les tumeurs blanches lymphatiques, les affections du larynx et de la gorge, contre certaines éruptions herpétiques et contre les foulures qu'il serait, je crois, utile de doucher préalablement. L'expérience semble assigner une certaine importance à ce topique, qui ne me paraît pas sans quelque efficacité résolutive, puisque souvent il est très-riche en principes sulfureux.

Si l'abondance des eaux pouvait permettre à M. Massia d'établir une piscine de natation, nul doute que la faculté de nager dans un bain d'eau thermale n'ajoutât à son efficacité ; nul doute, surtout, qu'une pareille amélioration ne devînt extrêmement précieuse pour combattre certaines maladies de l'enfance.

Lorsque j'énumère ainsi les moyens d'appliquer les eaux et leurs effets thérapeutiques, je crains que l'on ne m'accuse de leur attribuer des vertus trop variées, trop nombreuses peut-être ; mais en accordant, en reconnaissant aux thermes de Molitg une spécificité d'action incontestable contre les maladies psoriques et herpétiques, je n'ai point voulu les déshériter des propriétés communes à toutes les eaux thermales sulfureuses, propriétés constatées par quelques observations éparses encore, mais autour desquelles viendront bientôt se grouper des faits aussi nombreux que bien observés, lorsque toutes les améliorations dont les thermes de Molitg sont susceptibles, y auront été introduites.

J'ai la conviction intime que, bien pénétré de l'utilité et de l'importance de l'établissement qu'il vient d'acquérir, encouragé par
la protection que le Conseil général lui a déjà accordée, enhardi
par son intérêt personnel bien entendu et bien naturel, guidé
surtout par sa philantropie, M. Massia ne reculera devant aucun sacrifice ; et que M. le docteur Barrère, médecin inspecteur,
s'appuyant sur de nombreuses observations, fruit de sa longue
expérience, lui prêtera le concours de son zèle et de son intelligence.

Bientôt alors, grâce à l'utile direction donnée aux amélioration s
projetées, le médecin pourra utiliser toute la puissance des eaux
de Molitg, non-seulement contre les maladies cutanées, mais encore pour la guérison, ou du moins le soulagement, d'un grand
nombre d'affections, contre lesquelles le hasard seul a révélé leur
efficacité.

Il me serait, je pense, facile de justifier mon opinion sur les
effets thérapeutiques variés des eaux de Molitg, en citant les observations que Carrère et Anglada ont consigné dans leurs ouvrages ;
je pourrais même, fouillant dans mes souvenirs, apporter aussi
le modeste tribut d'observations qui me sont personnelles ; mais
je craindrais de dépasser les bornes que m'impose une simple
notice.

Toutefois, j'espère que dans peu M. Barrère, en publiant les
documens précieux qu'il a recueillis, contribuera puissamment à
donner aux thermes de Molitg toute l'importance qu'ils méritent.
Leur énergie curative, leur spécificité, se trouvant appuyées sur
des faits nombreux et bien observés, ces thermes, presque toujours oubliés dans les ouvrages sur l'hydrologie médicale, viendront
se placer au premier rang, à côté des eaux sulfureuses les plus renommées.

L'on pourra dire, en résumant l'opinion de Carrère : les eaux
de Molitg sont efficaces dans un grand nombre de cas ; elles peu-

vent être insuffisantes quelques fois ; mais elles peuvent cependant arrêter la marche rapide de certaines maladies , les rendre plus supportables et éloigner une mort d'ailleurs certaine. En effet , on ne peut révoquer en doute le soulagement qu'elles procurent , même contre les maladies de poitrine.

Après avoir développé , avec complaisance peut-être , les avantages des eaux de Molitg , je crois encore faire une chose utile pour elles , et d'un grand intérêt pour les malades , en signalant combien elles pourraient être funestes si on les administrait contre les affections de nature ou de tendance cancéreuse et scorbutique , les lésions organiques du cœur et des gros vaisseaux , les maladies de l'encéphale et des centres nerveux , à moins que les symptômes nerveux et les palpitations ne fussent que l'expression d'une cause que l'action curative des eaux peut atteindre et combattre ; et combien, chez les femmes , aux approches de l'âge critique , il importe de surveiller la stimulation thermale , de crainte d'imprimer de fâcheux écarts à des mouvemens fluxionnaires et anormaux vers l'organe utérin.

Les eaux de Molitg sont telles qu'ou peut en subir immédiatement l'action , presque sans danger. Cependant, quoique je sois dégagé de toute impulsion de routine , et que je repousse toute médication de prévoyance non motivée , si les malades veulent aborder les eaux avec une disposition pléthorique , et lorsque les dispositions vitales des organes digestifs manquent de régularité , l'homme de l'art est obligé d'intervenir et se trouve dans la nécessité de préluder au traitement thermal ; mais alors s'il ne cède qu'à des indications formelles , soit qu'il agisse avant l'administration des eaux , soit qu'il veuille plus tard corriger les effets fâcheux qu'elles pourraient produire ; il faut aussi que le malade vienne en aide au médecin , en suivant scrupuleusement toutes les règles que lui impose l'hygiène et le régime. Personne n'ignore que les bains simples , les saignées, les purgations et autres moyens préliminaires ne doivent pas être négligés suivant l'idiosyncrasie et la constitution physique des individus ; et personne ne doit oublier que si les plaisirs bruyans et tumultueux que l'on rencontre fréquemment aux eaux minérales , conviennent à quelques malades , il en est dont l'âme a besoin de calme et de tranquillité.

Comment se fait-il-donc , puisque les eaux de Molitg possèdent des propriétés si vraies , si énergiques , que l'industrie soit venue si tardivement à leur secours ?

Il sera , je crois, facile d'expliquer un tel délaissement, si l'on considère qu'on ne se détermine souvent à aller aux eaux que par désœuvrement et pour leur demander la guérison de l'ennui , de la satiété et de quelques autres maladies morales.

La nécessité , la certitude d'obtenir une guérison vivement désirée et depuis long-temps demandée ont pu seules attirer les malades à Molitg ; la reconnaissance a pu les y ramener. Les malades , si je puis m'exprimer ainsi, ont pour ces eaux une espèce de religion et de culte, et si on laisse ignorer au nouvel arrivé quels peuvent être les agrémens de son nouveau séjour , vingt fois déjà on lui aura parlé des effets merveilleux des eaux , des guérisons inespérées qu'elles ont produites ; et son moral heureusement influencé lui donnera la certitude que son mal , quelque rebelle qu'il soit, pourra bien ne pas être incurable. Mais , je dois l'avouer, il fallait plus que du courage pour se présenter à des bains si incommodes , il fallait faire abnégation de tout amour-propre , pour mettre dans la confidence de ses infirmités toute la population; c'est ce qui en éloignait journellement un grand nombre de malades , qui auraient pu y être traités avec quelque succès.

En effet , la virtualité des eaux est tellement populaire que la présence d'un baigneur fait toujours au moins soupçonner la maladie qui le tourmente , car le nom de Molitg et celui de dartre sont depuis long-temps inséparables.

La négligence pour tout ce qui peut amener le bien-être matériel , l'indifférence pour une bonne direction dans l'emploi des eaux , répréhensibles en tout temps , le deviendraient bien davantage aujourd'hui que , presque partout , on a fait , sous ce rapport, de notables progrès. Compter exclusivement sur le mérite intrinsèque du remède, et se refuser à toute amélioration au milieu du mouvement industriel général, ce serait arrêter la prospérité d'un établissement aussi utile, et compromettre son avenir.

Que le propriétaire actuel entre hardiment dans la voie d'un véritable progrès ; que, par son activité et son intelligence, il appelle, sur les thermes de Molitg, la vogue et la réputation qu'ils méritent.

Alors le bien-être matériel, le confortable, permettront de cacher le véritable but des baigneurs ; alors enfin on les verra arriver en foule, non seulement dans les intérêts de la santé, mais encore dans le but de goûter les charmes de ces réunions qui, ainsi que le dit Anglada, augmentent les ressources de l'hygiène, indiquent de la manière la plus forte cet esprit de sociabilité si actif parmi nous, et qui devient chaque jour un des besoins les plus prononcés de l'époque.

Je terminerai cette notice en disant hautement que si Bordeu fut le créateur de Barèges, Anglada mérite la gloire d'être le Bordeu des Pyrénées-Orientales, et que tous les médecins peuvent et doivent s'associer à son œuvre, en remplissant les vœux qu'il a exprimés, avec autant de désintéressement que de patriotisme.

Ainsi donc, répétons avec lui : « Que les médecins, que les » médecins-inspecteurs surtout, heureusement placés pour obser- » ver de près l'action thérapeutique des eaux, et dont les attribu- » tions peuvent facilement se concilier avec les droits et les intérêts » du propriétaire, publient successivement les faits médicaux bien » observés, dégagés de toute prévention de localité, rédigés » de manière à laisser apercevoir, aussi nettement que pos- » sible, la connexion entre l'indication offerte et les résultats » obtenus. »

FIN.

www.ingramcontent.com/pod-product-compliance
Lightning Source LLC
Chambersburg PA
CBHW070822210326
41520CB00011B/2071